이론 정리 + 모의고사

합격을 위한 가장 완벽한 자격 검정 기본서

Barista

바리스타

1급 / 마스터

필기 대비 모의고사집

한국바리스타자격검정협회
KOREA BARISTA QUALIFICATION ASSOCIATION

정설화 · 김인환 저

iCox
Education by Sympathy

Barista

바리스타 1급 / 마스터
필기 대비 모의고사집

초판 1쇄 인쇄   2019년 04월 20일
초판 4쇄 발행   2021년 10월 25일

지은이   정설화, 김인환, 한국바리스타자격검정협회
펴낸이   한준희
펴낸곳   (주)아이콕스

기획/편집   다온미디어
디자인   다온미디어
영업지원   김진아, 손옥희
영업   김남권, 조용훈, 문성빈

iCox
Education by Sympathy

주소   경기도 부천시 조마루로385번길 122 삼보테크노타워 2002호
홈페이지   http://www.icoxpublish.com
이메일   icoxpub@naver.com
전화   032-674-5685
팩스   032-676-5685
등록   2015년 7월 9일 제 386-251002015000034호
ISBN   979-11-6426-020-1

이탈리아어로 '바 안에서 만드는 이'를 일컬으며 주로 칵테일을 만들어 내는 '바텐더'와 구분하여 '좋은 원두를 선택하고 커피 머신을 완벽히 활용해 커피에 대한 고객의 입맛을 최대한 충족시켜 줄 수 있는 전문가'를 의미하는 '바리스타(Barista)'…

그 이름에 부합한 전문적인 바리스타로 성장해 가기 위해서는 무엇보다 커피 원두는 물론 머신을 명확히 이해하고 보다 완벽한 에스프레소의 추출 기술을 익히는 당연한 직업적 능력뿐만이 아니라, 어떻게 해야 그 커피 머신의 성능을 잘 유지/관리할 것인지에 대한 고민부터 나아가 매장을 떠나는 순간에 이르기까지 고객들에게 최대한의 만족감을 선사하고자 하는 마음가짐까지 갖춰야 한다고 생각합니다.

이에 본 도서는 먼저 원두와 에스프레소 추출, 그리고 우유 스티밍 등 전반적인 바리스타의 기초 직능 분야를 다루는 '커피학'을 살펴보고, 이후 '커피 머신'과 '그라인더'에 대한 이해를 더한 후 '매장 관리'와 서비스 제공자로서 바리스타가 갖춰야 할 '자세'와 '필수 지식'들을 순서대로 기술함으로써 '1급'과 '마스터' 레벨에 대비한 총 6회차의 모의고사를 통해 학습을 마무리할 수 있도록 구성하였습니다.

또한 각 단원이 마무리될 때에는 이후 모의고사 부분에서 다루게 될 문제 유형들을 다룸으로써 본 자격 검정이 지향하는 출제 의도 및 경향을 명확히 파악할 수 있도록 돕고 있으므로 반드시 정리된 실무 이론 파트를 세부적으로도 잘 살피고 익혀 가시길 바랍니다.

부디 본 교재에 담긴 내용들이 저마다 키우고 계신 독자 여러분들의 소중한 꿈을 완성할 첫 번째 주춧돌이 되길 기원하며, 책의 전반적인 구조 및 내용에 대해 같이 의논하고 검수해 주신 기획자분들과 협회 관계자 여러분, 그리고 집필하는 기간 내내 묵묵히 응원하고 지원해 준 가족 및 동료분들께 감사의 말씀을 전합니다.

저자 정설화, 김인환

1. 검정 방법 : 온라인접수 – 한국바리스타자격검정협회 홈페이지(http://kbqa.or.kr) 접속 회원 가입 후 온라인 접수

필기 접수 –〉 필기 검정 –〉 필기 합격자 발표 –〉 실기 접수 –〉 실기 검정 –〉 합격자 발표 –〉 자격증 발급

개인 접수는 검정일 기준으로 5일 전까지 가능하며, 5인 이상인 경우 검정일 기준 10일 전까지 접수 가능

2. 검정 안내

자격 종목	검정 소개	응시 자격 및 조건	응시료	필기 검정 (50분)	
				과목	평가 방법
바리스타 마스터	커피에 대한 폭넓은 지식을 갖추고 에스프레소 기계(그라인더 조절)를 다루는 숙련된 기술과 원두를 선택하고 커핑 능력을 통해 고객의 취향에 따라 요구하는 다양한 메뉴를 제조하며 매장을 관리할 수 있는 능력을 평가하는 검정입니다.	▶ 본 협회에서 인정하는 교육 기관에서 바리스타 마스터 교육을 이수한 자 ▶ 본 협회에서 시행하는 바리스타 1급 자격을 취득한 자	필기(10만원) 실기(20만원)	1. 커피의 이해 2. 커피 추출의 이해 3. 에스프레소 머신의 이해 4. 에스프레소 그라인더의 이해 5. 우유의 이해 6. 메뉴 제조의 이해 7. 위생 • 서비스 8. 매장 관리	객관식 20문항 주관식 10문항
자격 종목	검정 소개	응시 자격 및 조건	응시료	필기 검정 (50분)	
				과목	평가 방법
바리스타 1급	커피에 대한 이해 및 에스프레소 장비에 대한 기본 지식과 커피 추출 과정에 대한 기본 실무 지식을 통해 고객의 입맛에 최대한의 만족을 주는 에스프레소와 라떼 아트를 제조할 수 있는 능력을 평가하는 검정입니다.	▶ 본 협회에서 인정하는 교육 기관에서 바리스타 1급 교육을 이수한 자 ▶ 본 협회에서 시행하는 바리스타 2급 자격을 취득한 자	필기(5만원) 실기(10만원)	1. 커피의 이해 2. 커피 추출의 이해 3. 에스프레소 머신의 이해 4. 에스프레소 그라인더의 이해 5. 우유의 이해 6. 위생 • 서비스	객관식 20문항 주관식 10문항
자격 종목	검정 소개	응시 자격 및 조건	응시료	필기 검정 (50분)	
				과목	평가 방법
바리스타 2급	커피 원두에 대한 이해와 지식을 갖추고 커피를 정확하게 추출하여 에스프레소와 카푸치노를 제조할 수 있는 능력을 평가하는 검정입니다.	▶ 본 협회에서 인정하는 교육 기관에서 바리스타 2급 교육을 이수한 자	필기(4만원) 실기(6만원)	1. 커피의 이해 2. 커피 추출의 이해 3. 에스프레소 머신의 이해 4. 에스프레소 그라인더의 이해 5. 매장 관리의 이해	객관식 20문항 주관식 10문항

실기 검정 (30분)		평가 사항
과목	평가 방법	
1. 품종별 센서리(2분)	평가감독 1인 평가표 제출 〈합격 기준〉 100점 만점 기준 60점 이상	– 심사 위원이 나라별 각각의 원두 3잔을 나누어 추출하고, 추출된 커피를 수험생이 시음 후 평가 – 평가의 일치성을 확인
2. 분쇄도 조절과 에스프레소 프레젠테이션(10분)		– 준비작업 및 분쇄도 조절 능력 평가 – 추출된 에스프레소에 대해 설명하고 일치성 확인
3. 에스프레소4잔 추출(4분)		4분 안에 에스프레소 4잔을 제조하면 추출 방법 및 크레마 밀도와 에스프레소의 맛/감촉 등을 평가
4. 라떼 아트 4잔 추출(6분)		6분 안에 하트, 튤립, 로제타 중 2잔은 같은 그림으로, 나머지 2잔은 서로 다른 그림으로 총 4잔 (3개 패턴)을 제조하면 라떼 아트 제조 방법 및 숙련도와 함께 비주얼과 맛의 조화 등을 평가
5. 메뉴 제조 4잔(8분)		지정된 메뉴(마키아토, 라떼, 카푸치노, 에스프레소) 중 심사 위원이 지정한 메뉴 4잔을 요청하면 8분 안에 제공 ex) 라떼 1잔, 카푸치노 2잔, 마키아토 1잔

실기 검정 (20분)		평가 사항
과목	평가 방법	
1. 에스프레소 센서리(2분)	평가감독 1인 평가표 제출 〈합격기준〉 100점 만점 기준 60점 이상	심사 위원이 에스프레소를 10㎖를 3잔으로 나누어 제조하면 수험생이 3잔을 각각 시음하여 순서를 명시하고 일치성을 확인
2. 준비 및 분쇄도 조절(10분)		준비 작업 및 분쇄도 조절 능력 등을 평가
3. 에스프레소 2잔 추출(3분)		3분 안에 에스프레소 2잔을 제조하면 추출 방법 및 청결, 정리 정돈과 크레마 밀도, 에스프레소의 맛과 감촉 등을 평가
4. 라떼아트 2잔 추출(5분)		– 5분 안에 하트, 튤립, 로제타 중에서 두 개를 선택하여 제조 – 라떼 아트 제조 방법 및 숙련도와 비주얼 (대칭, 대비, 광택, 위치 등) 및 맛의 조화를 평가

실기 검정 (13분)		평가 사항
과목	평가 방법	
1.사전준비(3분)	평가감독 1인 평가표 제출 〈합격기준〉 100점 만점 기준 60점 이상	커피 머신 작동 및 사전 준비에 대한 평가
2.에스프레소 2잔 추출(3분)		3분 안에 에스프레소 2잔을 제조하면 추출 방법 및 청결, 정리 정돈과 크레마 밀도와 에스프레소 맛과 감촉 등을 평가
3.카푸치노 2잔 추출(5분)		5분 안에 카푸치노 2잔을 제조하면 카푸치노 조리 방법 및 비주얼과 밀도, 카푸치노 맛의 조화 등을 평가
4.정리(2분)		기물 및 작업 공간 청결 상태 등 정리 평가

목차 | Contents

UNIT 01

커피학

| 1.1 | 커피의 역사 / 전파 | |

1. 커피의 역사

이탈리아의 언어 학자인 파우스투스 나이론(Faustus Nairon)이 1671년에 출판한 책에 나오는 이야기로 커피의 유래는 6~7세기경 에티오피아 '칼디'라는 목동에 의해 시작된다.

그 외에도 오마르의 전설, 모하메드의 전설 등 다양한 이야기가 있는데 가장 널리 알려진 이야기는 칼디의 전설이다.

에티오피아의 목동인 칼디는 염소들이 빨간 열매를 먹고 신이 난 듯 뛰는 모습에 호기심이 생겨 자신도 열매를 먹어보았고, 그 후 정신이 맑아지고 기운이 샘솟는 기분에 곧장 이슬람 사원의 사제들에게 이러한 사실을 알렸다고 한다.

이야기를 전해들은 사제들은 열매를 갈아 물에 녹여 마셔보니 정신이 맑아지고 잠을 쫓는 효과가 있다는 걸 알게 되었고, 철야기도를 할 때 맑은 정신으로 정진할 수 있었다.

커피의 어원은 정확한 역사적 기록은 없으나 학설에 따르면 최초 에티오피아 지명의 kaffa(카파)와 고대 아랍어에서 유래된 카와(Qahwah)이다. 또한 나라별 명칭은 Kahue(터키어), kave(헝가리), caffe(이탈리아), café(프랑스), kaffee(독일), koffie(네덜란드), kaffe(덴마크), coffee(영국)이다.

2. 커피의 전파

커피는 처음 음료로서가 아닌 '각성제'나 '흥분제', '진정제' 등의 약으로 쓰이면서, 에티오피아의 주요 교역품이 되었다. 1500년경 아라비아 남단 예맨 지역에서 최초의 대규모 커피 경작을 하였고, 모카(Mocha) 항을 중심으로 커피 수출이 본격화되면서 희소성이 뛰어난 커피의 반출을 금기하고자 씨앗을 끓는 물에 담가 발아력을 파괴하여 재배가 이루어지지 않도록 조치하는가 하면 또한 외부인의 커피 농장 출입을 금지하고 커피 나무가 외부에 반출되지 않도록 엄격히 관리하였다.

그러나 1600년경 이슬람 승려 바바 부단(Baba Budan)이 커피 씨앗을 몰래 훔쳐 인도 마이소어(Mysore) 지역에 심어 재배하였고, 네덜란드인 피터 반 덴 브루케(Pieter van den Broecke)는 모카에서 커피 나무를 훔쳐 와 식물원에서 재배하였으며 그 후 실론(Ceylon,지금의 스리랑카)과 자국 식민지인 자바(Java) 지역에 커피를 경작하였다.

3. 국가별 커피 전파

1) 이탈리아

1615년 베니스의 무역상으로부터 최초로 유럽에 커피가 소개되었다.

초기에는 '이슬람 사람들이 마시는 음료'라는 이유로 배척되었으나 교황 클레멘트 8세가 커피를 맛보고는 많은 사람들이 누려야 한다며 커피에 세례를 주어 이후 널리 알려지게 된다.

1645년 유럽 최초의 커피 하우스가 이탈리아에 생겨난다.

2) 프랑스

1686년 프로코피오 콜텔리(Francesco Procopio dei Coltelli)가 파리 최초의 커피 하우스인 커피숍 '프로코프(Cafe de Procope)'를 열었고, 1714년 루이 14세가 네덜란드인으로부터 커피 나무를 선물받아 파리 식물원에서 재배하게 되었다.

또한 1723년 해군 장교 끌리외(Gabriel Mathieu de Clieu)가 카리브해에 있는 마르티니크 섬에 커피를 심었고 이후 카리브해와 중남미 지역에 커피가 전파되었다.

3) 영국

1650년 영국 최초의 커피 하우스 'Angel'이 유태인 야곱(Jacob)에 의해 생겨났으며, 1652년 그리스인 파스콰 로제(Pasqua Rosée)에 의해 런던 최초의 커피 하우스가 문을 열게 되었다.

1688년 에드워드 로이드(Edward Lloyd)가 런던에 커피 하우스를 열었는데 이는 오늘날의 세계적인 로이드 보험 회사로 발전하는 계기가 되었고, 'The Royal Society'라는 사교 클럽이 옥스퍼드에 생겨나기도 했다.

4) 미국

1691년 '거터리지' 커피 하우스(Gutteridge Coffee House)가 미국 보스턴에 최초로 생겨났고, 1696년에는 뉴욕 최초의 커피 하우스인 '더 킹스 암스(The King's Arms)'가 문을 열었다.

5) 한국

1896년 아관파천 당시 고종 황제는 러시아 공사관으로 피신을 하였는데 그때 러시아 공사인 베베르(Karl Ivanovich Weber)를 통해 커피를 접하였고, 덕수궁 안에 '정관헌'이라는 곳을 지어 커피를 즐겼다고 한다. 우리나라에서의 커피의 명칭은 최초 서양에서 건너온 국물이라 하여 '양탕국'이라 불리었고, 최초의 커피 하우스는 1902년 손탁이라는 독일 여성이 지은 '손탁 호텔(Sontag Hotel)'이다.

6) 세계 커피 연혁표

연도	내용
600년경	에티오피아 목동 칼디가 커피를 발견
900년경	아라비아 의사 Rhazes가 처음으로 커피에 대해 기술

1000년경	아랍의 무역상들이 예멘에 처음 커피를 경작
1473년	콘스탄티노플에 최초의 커피 하우스 Kiva Han이 생겨남
1511년	이스탄불 최초의 커피 하우스가 생겨남
1600년경	이슬람 승려 Baba Budan이 커피 묘목을 훔쳐 인도의 Mysore 지역에 심음
1615년	이태리 무역상으로부터 커피가 유럽에 소개됨
1616년	네덜란드 상인 Pieter van den Broecke가 커피 묘목을 훔쳐 자국 식민지에 재배
1645년	유럽 최초의 커피 하우스가 이탈리아에 생겨남
1650년	영국 최초의 커피 하우스 Angel이 생겨남
1652년	런던 최초의 커피 하우스 Pasqua Rosée가 생겨남
1686년	프랑스 최초의 커피 하우스 Café de Procope가 생겨남
1696년	네덜란드가 인도네시아 자바 지역에서 최초로 커피를 상업적으로 재배함
1691년	미국 최초의 Gutteridge Coffee House가 보스턴에 생겨남
1696년	뉴욕 최초의 커피 하우스 The King's Arms가 생겨남
1721년	베를린 최초의 커피 하우스가 생겨남
1723년	프랑스 장교 끌리외(Gabriel Mathieu de Clieu)가 카리브해에 마르티니크 섬에 커피를 심음
1732년	요한 세바스챤 바하가 *커피 칸타타를 작곡함 *커피에 대한 송시(訟詩)로, 독일 여성들이 커피를 마시지 못하게 하는 운동에 반대하는 노래
1888년	일본 최초의 커피 하우스가 도쿄에 생겨남
1895년	한국인 최초로 고종 황제가 러시아 공사관에서 커피를 접함
1901년	Luigi Bezzera가 에스프레소 기계의 특허를 출원 일본계 미국인 약사 카토(Satori Kato)가 최초의 인스턴트 커피를 발명
1908년	독일 메리타 벤츠(Frau Melitta Bentz)가 최초의 드립식 커피 기구를 개발함
1938년	브라질 당국의 과잉 재고 처리 요청에 따라 네슬레(Nestle)社가 동결 건조(FD) 방식을 개발함

	M. Cremonesi가 피스톤 펌프식 에스프레소 머신을 개발함
1946년	이탈리아 Achille Gaggia가 상업적 용도인 피스톤식 에스프레소 머신을 개발. 크레마 탄생
1961년	M. Faema가 자동 에스프레소 머신을 개발함
1971년	전 세계적인 브랜드 스타벅스가 시애틀에 1호점을 개설함
1973년	공정무역 커피(Fair-Trade Coffee)가 과테말라 커피를 유럽에 처음 수출함

1.2 커피의 나무 / 품종

1. 커피 나무

꼭두서닛과(Rubiaceae)의 코페아(Coffea)속(屬) 다년생 쌍떡잎 식물로 열대성 상록 교목이며, 나무는 품종에 따라 최고 10m 이상 자라나 수확에 용이하도록 나무의 키를 '2m 이내'로 유지한다.

잎은 둥근 타원형으로 길쭉한 형태를 띠며, 색은 짙은 청록색으로 광택이 나고 잎 끝이 뾰족하다.

열매는 빨간색으로 둥근 형태이며, 길이는 2~3mm로 체리와 생김새가 비슷해 '커피 체리'라 칭한다. 또한 꽃잎은 흰색으로 자스민 향이 나고 품종에 따라 아라비카(5장), 로부스타(7장)으로 나뉜다.

2. 커피 체리의 구조

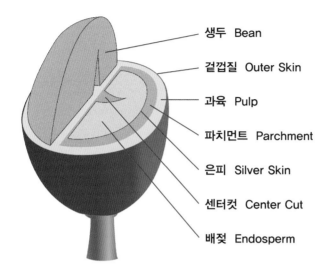

생두 Bean
겉껍질 Outer Skin
과육 Pulp
파치먼트 Parchment
은피 Silver Skin
센터컷 Center Cut
배젖 Endosperm

커피체리는 겉부터 '외과피(Pericarp)', '펄프(과육, Pulp)', '파치먼트(내과피, Endocarp)', '은피(Silver Skin)'로 구성되고, 일반적인 체리 안에는 2개의 생두가 마주보고 있으며 생두 단면의 가운데 홈을 '센터컷(Center Cut)'이라고 한다.

혹 체리 안에 2개가 아닌 1개의 콩이 들어 있는 경우를 '피베리(Peaberry)', 3개가 들어 있는 경우 '트라이앵글러 빈(Triangular Bean)'이라고 칭한다.

3. 커피 품종

커피 품종은 100여 가지 이상으로 많은 품종이 있으나 상업적으로 재배되는 품종으로는 코페아속 아라비카(Coffea Arabica) 종의 '아라비카(Arabica)', 코페아속 카네포라(Coffea Canephora) 종의 '로부스타(Robusta)'이며, 전세계 생산량으로는 아라비카 60~70%, 로부스타 30~40% 등이다.

△ 로부스타   △ 아라비카

품종	내용
Typica	아라비카 원종에 가장 가까운 품종
Bourbon	부르봉 섬에서 발견된 돌연변이 품종
Mundo novo	버번과 티피카의 자연 교배 품종
caturra	버번의 돌연변이 품종
Catuai	문도노보와 카투라의 인공 교배 품종
Catimor	HDT(Hibrido de Timor)와 카투라의 인공 교배 품종
Maragogype	티피카의 돌연변이 품종
Colombia Variety	카티모르 계통의 품종
Kent	인도 고유 품종(티피카와 타 품종의 교배설)
Amarello	'노란색'이라는 뜻으로 '옐로우 버번', '옐로우 카투아이' 등이 있음
Maracatura	마라고지페와 카투라의 교배 품종
Pacamara	파카스와 마라고지페의 교배 품종

1.3 커피의 재배 / 수확

1. 커피 재배

커피는 열대, 아열대 지역 등 적도를 중심으로 '남위 25°에서 북위 25° 사이' 구간에서 자라는데, 이 지역 범위를 가리켜 커피 벨트(Coffee Belt) 혹은 커피 존(Coffee Zone)이라고 한다.

아라비카 품종은 해발 800~2000m 열대의 비교적 서늘한 고원 지대에서 자라며 적정 연간 강수량은 1500-2000mm, 평균 기온은 15-24℃ 정도의 배수 조건이 좋은 화산 토양에서 자란다.

로부스타 품종은 해발 700m 이하의 고온 다습한 저지대에서 자라는데, 적정 강수량은 연간

2000~3000mm, 기온은 24~30℃로 아라비카 품종보다 병충해에 강하다.

품종	아라비카	로부스타
원산지	에티오피아	콩고
주요 생산 국가	브라질, 콜롬비아, 코스타리카	베트남, 인도네시아, 인도, 브라질
재배 고도	800~2000m	700m 이하
적정 기온	15~24℃	24~30℃
적정 강수량	1500~2000mm	2000~3000mm
번식	자가 수분	타가 수분
카페인 함량	평균 1.4%	평균 2.2%
병충해	약함	강함
생산량	60~70%	30~40%
숙성 기간	6~9 개월	9~11 개월

2. 커피 수확

커피 수확은 나라별로 다르지만 한 해에 한 번 수확하는 것이 일반적이며, 우기와 건기의 구분이 뚜렷하지 않은 나라에서는 1년에 2번의 개화기가 있어 수확도 두 번 이루어진다.

수확하는 방법은 크게 2가지로 구분되는데, '기계 수확(Mechanical Harvesting)'과 사람의 손으로 직접 수확하는 '핸드 피킹(Hand Picking)' 등이 있으며 주로 핸드 피킹 방식으로 이루어지며, 일반적인 핸드 피킹 방식에서 또 한번 파생된 '스트리핑(Stripping)' 방식도 사용된다.

1) 기계 수확(Mechanical Harvesting)

나무 사이를 지나며 나무에 진동을 주어 한번에 수확하는 방식으로, 대량 생산에 효과적이나 덜 익은 체리나 나뭇가지 등이 같이 떨어지는 단점이 있다.

2) 핸드 피킹(Hand Picking)

잘 익은 열매만을 일일이 골라 따는 방식으로 커피 품질이 뛰어나지만 많은 노동력과 인건비 부담의 단점이 있다.

3) 스트리핑(Stripping)

나뭇가지의 끝을 잡고 열매를 훑어 수확하는 방식으로 핸드 피킹보다 빠른 수확과 비용 절감의 장점이 있으나 품질이 균일하지 않고 나뭇잎 등이 섞여 분류 작업을 해야 하는 단점이 있다.

1.4   가공 방법

1. 가공(Processing)방법

가공 방법은 크게 두 가지로, '건식법(Natural, Dry Process)'과 '습식법(Washed Process)'이 있다.

건식법(Natural, Dry Process)은 체리 껍질을 벗기지 않고 체리 그대로 건조시키는 방식으로 브라질이 대표적이며, '이물질 제거 〉 분리 〉 건조' 등의 3가지 과정으로 이루어진다.

습식법(Washed Process)은 물로 정제하는 방식으로 무거운 체리와 가벼운 체리를 물에 흘려보내어 분리한 후 *디펄퍼(Depulper)에 체리를 넣어 과육을 제거하고 발효 과정으로 점액질(Mucilage)을 벗겨 건조시키는 방식으로 '분리 〉 *펄핑 〉 점액질 제거 〉 세척 〉 건조' 순으로 이루어진다.

그 외에도 '펄프드 내추럴, 세미 워시드, 허니 프로세싱' 등이 존재한다.

> *디펄퍼(Depulper) : 체리와 씨앗을 분리하기 위해 압착하는 기계로 스크린 펄퍼(Screen Pulper), 디스크 펄퍼(Disk Pulper), 드럼 펄퍼(Drum Pulper)가 있다.
>
> *펄핑(Pulping) : 커피 체리를 디펄퍼에 넣어 과육을 제거하는 과정

2. 건조(Dry)

커피의 수분 함량을 12%로 낮추기 위한 과정으로 '햇볕 건조'와 '기계 건조' 방식이 있다.

1) 햇볕 건조(Sun drying, Natural drying)

콘크리트나 아스팔트로 된 '파티오(Patio, 건조장)'에 체리를 펼쳐 놓은 후, 갈퀴로 뒤집어 골고루 말려 주는 과정으로 12~21일 정도가 소요된다.

또한 그물망이 달려 있는 사각형 틀을 사용한 건조대에 말리는 방식도 있는데, 건조까지 5~10일 정도로 시간을 단축시키고 오염을 방지하는 장점이 있으나 노동력을 많이 필요로 한다.

2) 기계 건조(Mechanical or Artificial drying)

커피의 수분 함량이 20%가 되면 커다란 드럼으로 된 로터리 건조기나 타워형 건조기에 넣어 파치먼트는 40℃, 체리는 45℃의 온도로 건조시킨다.

3. 탈곡(Milling)

탈곡 과정은 크게 생두를 감싸고 있는 파치먼트나 체리 껍질을 벗겨내는 '헐링(Hulling)'과 은피 (Silver Skin)를 제거하여 생두에 광택을 내는 '폴리싱(Polishing)'으로 구분된다.

1.5 생두의 분류

1. 생두의 분류

생두는 크게 '국가별로 정해진 기준'과 'SCA에 의한 분류 기준'에 따라 분류되곤 하는데, 먼저 국가 별 기준으로는 크게 '결점두(Defect Bean)에 의한 분류, 생산(재배) 고도에 의한 분류, 스크린 사이 즈(크기)에 의한 분류'로 나뉜다.

1) 결점두(Defect Bean)에 의한 분류

'결점두'는 재배와 수확, 가공까지의 모든 과정에서 발생 가능한 각종 원인으로 인하여 손상된 생두 를 일컫는다.

결점두에 의한 분류를 사용하는 대표적인 나라는 '브라질, 인도네시아'로서, 샘플 300g의 생두에 섞 여 있는 결점두의 수를 가지고 점수로 환산하여 분류한다.

등급의 명칭은 '브라질 No.2-8', '인도네시아 Grade 1-6' 등이다.

2) 생산(재배) 고도에 의한 분류

생두가 생산된 지역의 고도에 의한 분류로서 이를 사용하는 대표적인 나라는 '과테말라, 코스타리 카, 멕시코, 온두라스, 엘살바도르' 등이다.

등급 명칭으로는 과테말라, 코스타리카의 최상급이 'SHB(Strictly Hard Bean)'이며 멕시코, 온두라 스, 엘살바도르는 최상급을 'SHG(Strictiy High Grown)'로 표기한다.

3) 스크린 사이즈(크기)에 의한 분류

'스크린 사이즈(생두의 크기)'에 따른 분류를 사용하는 대표적인 나라로는 '콜롬비아, 케냐, 탄자니아'가 있는데, 등급 명칭의 경우 콜롬비아는 '수프리모(Supremo)'로 나타내며 케냐와 탄자니아는 'AA'로 표기한다.

스크린 No.	크기|mm	English	Spanish	Colombia	Africa
20	7.94	Very Large Bean	–	–	
19	7.54	Extra Large Bean			AA
18	7.14	Large Bean	Supeior	Supremo	A
17	6.75	Bold Bean			
16	6.35	Good Bean	Segunda	Excelso	B
15	5.95	Medium Bean			
14	5.55	Small Bean	Tercera		C
13	5.16	Peaberry	Caracol		
12	4.76				
11	4.30		Caracoli		PB
10	3.97				
9	3.57		Caracolillo		
8	3.17				

*스크린 사이즈 1은 1/64인치로 약 0.4mm이다.

2. SCA 기준에 의한 분류

'SCA(Specialty Coffee Association)'는 스페셜티 커피 협회로서 커피 교역의 문제점을 토론하고 스페셜티 커피의 기준을 세우는 비영리 단체를 일컫는데, 그 분류 기준으로는 '스페셜티 그레이드(Specialty Grade)'와 '프리미엄 그레이드(Premium Grade)'가 있다.

등급	등급 기준
스페셜티 그레이드 (Specialty Grade)	프라이머리 디펙트(Primary Defect)와 퀘이커는 한 개도 허용되지 않으며 풀 디펙트(Full Defect)가 5개 이내, 커핑 점수 80점 이상이어야 한다.
프리미엄 그레이드 (Premium Grade)	프라이머리 디펙트(Primary Defect)가 허용되며 풀 디펙트(Full Defect)가 8개 이내 퀘이커(Quaker)는 100g당 3개까지 허용된다.

*프라이머리 디펙트(Primary Defect) : 커피 향미에 크게 영향을 미치는 결점두

*퀘이커(Quaker) : 제대로 발육되지 않거나 안익은 체리로 수확되어 로스팅시 색이 다르게 나타나는 원두

★ 풀 디펙트(Full Defect) 환산표

다음은 결점두를 점수로 환산한 표로서, 크게 2가지 기준으로 커피 품질에 영향이 강한 결점두를 '프라이머리 디펙트(Primary Defect)', 비교적 영향이 적은 결점두를 '세컨더리 디펙트(Secondary Defect)'로 분류하며 각 결점두마다 풀 디펙트로 환산한다.

프라이머리 디펙트 (Primary Defect)	풀 디펙트 (Full Defect)	세컨더리 디펙트 (Secondary Defect)	풀 디펙트 (Full Defect)
풀 블랙(Full Black)	1	파셜 블랙(Partial Black)	3
풀 사워(Full Sour)	1	파셜 사워(Partial Sour)	3
드라이 체리, 포드 (Dry Cherry, Pod)	1	파치먼트(Parchment)	5
펑거스 데미지 (Fungus Damaged)	1	플로터(Floater)	5
시비어 인섹트 데미지 (Severe Insect Damaged)	5	이머춰, 언라이프 (Immature, Unripe)	5
포린 매터(Foreign Matter)	1	위덜드(Withered)	5
		쉘(Shell)	5
		브로큰, 칩트, 컷 (Broken,Chipped, Cut)	5

구분	헐, 헐스크(Hull, Husk)	5
	슬라이트 인섹트 데미지 (Slight Insect Damaged)	10

3. 생두 기간별 분류

생두를 수확한 시점부터 현 시점까지의 경과 기간을 기준으로 나누면 다음과 같이 분류된다.

구 분	기 간	수분 함량
뉴 크롭 (New Crop)	1년 이내	13% 이하
패스트 크롭 (Past Crop)	1~2년	11% 이하
올드 크롭 (Old Crop)	2년 이상	9% 이하

──────────── 연습 문제 ☕ ────────────

01. 다음 설명 중 틀린 것을 고르시오.

① 커피는 처음 음료가 아닌 각성제나 흥분제, 진정제로 쓰였다.

② 1900년경 이슬람 승려 바바 부단(Baba Budan)이 커피 씨앗을 훔쳐 인도 마이소어(Mysore) 지역에 재배하였다.

③ 네덜란드인 피터 반 덴 브루케(Pieter van den Broecke)가 실론과 자바에 커피를 경작하였다.

④ 모카(Mocha)항을 중심으로 커피 수출이 본격화되었다.

02. 독일 여성이 지은 우리나라 최초의 커피 하우스는 무엇인가?

① 호반 호텔　　　② 구탁 호텔　　　③ 호판 호텔　　　④ 손탁 호텔

03. 적도를 중심으로 남위 25°에서 북위 25° 사이 지역들의 범위를 무엇이라 하는가?

〔   〕

04. 커피 체리 안에 두 개의 생두가 아닌 하나의 생두만 있는 경우를 가리켜 무엇이라 하는가?

〔   〕

05. 다음 설명 중 틀린 것을 고르시오.

① 아라비카 품종은 800~2000m의 비교적 서늘한 고원 지대에서 자란다.

② 로부스타 품종은 700m 이하의 고온 다습한 저지대에서 자란다.

③ 아라비카 품종의 적정 강수량은 900~1200mm이다.

④ 로부스타 품종의 적정 강수량은 2000~3000mm이다

06. 다음 로부스타에 대한 설명 중 틀린 것을 고르시오.

① 로부스타는 700m 이하의 저지대에서 자란다.

② 로부스타는 자가 수분으로 이루어진다.

③ 로부스타의 카페인 함량은 평균 2.2%이다.

④ 로부스타는 전 세계 커피 생산량의 30-40%를 차지한다.

07. 다음 설명에 해당하는 것을 고르시오.

나무 사이를 지나가며 나무에 진동을 주어 한 번에 수확하는 커피 수확의 한 방법으로서, 대량 생산에 효과적이나 덜 익은 체리나 나뭇가지 등이 같이 떨어지는 단점이 있다.

① 스트리핑   ② 핸드 피킹   ③ 기계 수확   ④ 디펄퍼

08. 다음 가공 방법의 설명 중 틀린 것을 고르시오.

① 가공 방법은 크게 2가지로 건식법(Natural, Dry Process)과 습식법(Washed Process)이 있다.

② 건식법은 체리 껍질을 벗기지 않고 체리 그대로 건조시키는 방식으로, 인도네시아가 대표적이다.

③ 건식법은 이물질 제거 – 분리 – 건조 등의 세 과정으로 이루어진다.

④ 습식법은 물로 정제하는 방식으로 분리 – 펄핑 – 점액질 제거 – 세척 – 건조 순으로 이루어진다.

09. SCA 기준에 의한 분류로 퀘이커는 허용되지 않으며 풀 디펙트가 5개 이내, 커핑 점수 80점 이상인 등급의 명칭은 무엇인가?

(   )

10. 생산 고도에 의한 생두의 분류를 채택한 대표적인 나라가 아닌 것을 고르시오.

① 과테말라   ② 코스타리카   ③ 콜롬비아   ④ 온두라스

11. 다음 설명 중 잘못된 내용을 고르시오.

① 유럽 최초의 커피 하우스는 1645년 이탈리아에서 생겨났다.

② 파리 최초의 커피 하우스는 1686년 프로코피오 콜텔리에 의해 생겨났다.

③ 영국에서 1688년에 생겨난 커피 하우스는 세계적인 보험 회사로 발전하는 계기가 되었다.

④ 미국은 1792년 뉴욕에서 최초의 커피 하우스 파스콰 로제가 문을 열었다.

12. 다음의 커피 나무에 대한 설명 중 틀린 것을 고르시오.

① 커피 나무는 외떡잎 식물로 한대성 상록 교목이다.

② 커피 체리는 겉면부터 외과피, 펄프, 파치먼트, 은피 등으로 구성되어 있다.

③ 일반적인 체리 내부에는 2개의 생두가 마주보고 있는데, 가운데 홈을 센터컷이라고 부른다.

④ 체리 안에 3개의 콩이 든 경우 트라이앵글러 빈이라 일컫는다.

13. 일반적으로 인스턴트 커피로 재배되는 품종은 무엇이라 하는가?

(   )

14. 다음 중 아라비카 품종의 주요 생산국이 아닌 나라를 고르시오.

① 브라질   ② 호주   ③ 콜롬비아   ④ 코스타리카

15. 다음 중 건조 방법에 대한 설명으로 틀린 것을 고르시오.

① 햇볕 건조는 콘크리트나 아스팔트에 체리를 펼쳐 놓은 후 갈퀴로 뒤집어 골고루 말려 주는 방식이다.

② 탈곡은 은피를 제거하여 생두에 광택을 나게 하는 폴리싱(polishing) 방법만 사용한다.

③ 기계 건조에서 파치먼트는 40도, 체리는 45도의 온도로 건조시킨다.

④ 일반적인 햇볕 건조 시 12~21일 정도 시간이 소요되며, 그물망 건조 방식의 경우 5~10일 정도로 시간이 단축되지만 노동력을 많이 필요로 한다.

16. 제대로 발육되지 않거나 익지 않은 체리로 수확되어, 로스팅 시 색이 다르게 나타나는 원두를 무엇이라 하는가?

(   )

17. 다음 빈 칸을 알맞은 숫자로 모두 채우시오.

	기간
뉴 크롭(New Crop)	( ) 년 이내
패스트 크롭(Past Crop)	( ) ~ ( )년
올드 크롭(Old Crop)	( )년 이상

18. 다음 설명 중 잘못된 것을 고르시오.

① 생두가 생산된 지역의 고도에 의한 분류를 채택한 대표적인 나라는 과테말라, 코스타리카, 멕시코, 온두라스, 엘살바도르 등이다.

② 커피의 등급에서 생산 고도는 영향을 끼치지 않는다.

③ 과테말라, 코스타리카의 최상급 등급 명칭은 SHB(Strictly Hard Bean)이다.

④ 멕시코, 온두라스, 엘살바도르의 최상급 등급 명칭은 SHG(Strictly High Grown)이다.

19. 다음 빈 칸에 들어갈 알맞은 내용을 적으시오.

> 생두는 크기에 따른 '스크린 사이즈'로도 분류되는데, 이를 채택한 대표적인 나라는 콜롬비아, 케냐, 탄자니아 등으로 등급 명칭은 콜롬비아가 (   ), 케냐와 탄자니아는 (   )이다.

    (/   )

20. 다음 중 생두의 분류에 대한 설명으로 잘못된 것을 고르시오.

① 생두의 분류 기준으로는 SCA에 의한 분류와 국가별로 정해진 기준이 있다.

② 국가별 기준에는 크게 결점두에 의한 분류, 생산 고도에 의한 분류, 스크린 사이즈(크기)에 의한 분류 등이 있다.

③ 결점두에 의한 분류를 채택하고 있는 대표적인 나라는 콜롬비아와 콩고로, 샘플 500g 생두에 섞여 있는 결점두의 수를 기준으로 점수를 환산하여 분류한다.

④ SCA는 스페셜티 그레이드와 프리미엄 그레이드로 분류하여 구분한다.

▶▶ 연습 문제 해답 ◀◀

01 ②　　02 ④　　03 커피 벨트 or 커피 존　　04 피베리(Peaberry)　　05 ③　　06 ②　　07 ③　　08 ②　　09 스페셜티 그레이드　　10 ③　　11 ④　　12 ①　　13 로부스타　　14 ②　　15 ②　　16 퀘이커 (Quaker)　　17 (1, 1, 2, 2)　　18 ②　　19 수프리모, AA　　20 ③

UNIT 02

에스프레소

2.1 에스프레소의 이해

에스프레소(Espresso)는 20세기 초반 이탈리아에서 유래된 커피로, 미세하게 분쇄된 커피 입자에 고압·고온 하의 물을 가해 빠르게 추출하는 방식이다.

에스프레소를 추출하면 '갈색의 천연 커피 크림'이 추출되는데 이를 크레마(Crema)라고 부르며, 크레마는 커피 원두에 포함되어 있는 오일이 증기에 노출되면서 표면 위로 떠 오른 것으로 커피 향을 담고 있다.

2.2 에스프레소의 추출

'스페셜티 협회(Specialty Coffee Association)' 기준에는 에스프레소 1잔의 분쇄 커피양은 '7~10g', 추출량은 '25~35mL', 추출 시간은 '20~30초' 등으로 규정되어 있으나 나라와 지역, 커피를 즐기는 문화와 에스프레소 기계의 특성, 바리스타에 의해 추출 기준은 조금씩 달라진다.

스페셜티 협회 기준		이탈리아 기준	
커피양	7~10g	커피양	6.5~8g
추출량	25~35mL	추출량	25~30mL
추출시간	20~30초	추출시간	30~35초
추출압력	9~10bar	추출압력	9~10bar
물 온도	90.5°~96.1℃	물 온도	90°~95℃

1. 에스프레소 추출 과정

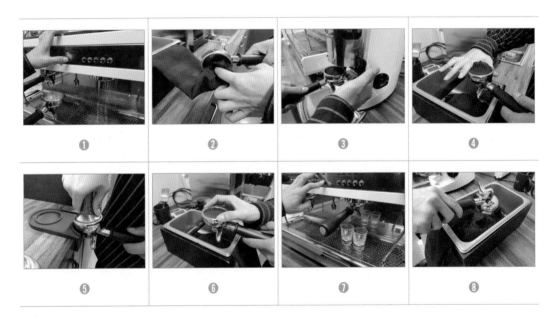

① 그룹 헤드에서 포터 필터를 분리한 후 물 흘리기로 열수와 남아 있는 잔여 찌꺼기를 빼 준다.

② 필터 홀더를 깨끗하게 닦아 내고 건조한다.

③ 그라인더를 작동시켜 필터 홀더에 분쇄된 커피 가루를 담는 작업인 '도징(Dosing)'을 한다.

❹ 필터 홀더에 쌓인 커피를 손이나 도구를 사용하여 수평이 되도록 해주는 작업인 '레벨링(Levelling)'을 한다.

❺ 탬퍼를 사용하여 포터 필터와 '탬퍼(Tamper)'의 수평을 맞춘 후 이를 다져 주는 '탬핑(Tamping)'을 처리한다.

❻ 탬핑이 완료되면 포터 필터 가장자리 부분을 털고 그룹 헤드에 장착한 후 [추출] 버튼을 누른다.

❼ 추출이 완료되면 추출된 잔을 옮기고 포터 필터를 분리하여 물을 흘린 후 커피 케이크를 찌꺼기 통(Nock Box, Dump Box)에 버린다.

❽ 필터 홀더를 깨끗하게 닦아 내고 그룹 헤드에 장착한다.

*탬퍼(Tamper) : 탬핑을 하는 도구

2. 과소 추출과 과다 추출

정상적인 에스프레소는 풍부한 향미를 가지고 있으나 짧은 시간에 추출되기 때문에, 여러 추출 요소에 따라 잘못된 추출 결과가 나올 수 있다.

커피의 성분이 적게 나온 것은 과소 추출(Under Extraction), 반대로 커피의 성분이 많이 나온 것을 과다 추출(Over Extraction)이라 한다.

	과소 추출(Under extraction)	과다 추출(Over extraction)
분쇄 입자	너무 굵은 분쇄 입자	너무 가는 분쇄 입자
커피 사용량	너무 적은 분쇄 커피	너무 많은 분쇄 커피

추출 온도	기준보다 낮은 온도	기준보다 높은 온도
추출 시간	너무 짧은 추출 시간	너무 긴 추출 시간
탬핑 강도	기준보다 약한 경우	기준보다 강한 경우

2.3 에스프레소 메뉴

에스프레소 메뉴	
리스트레토 (Ristretto)	일반적인 에스프레소보다 추출 시간을 짧게 하여 15mL 이하로 추출된 에스프레소
룽고(Lungo)	'롱(Long)'의 의미로 일반적인 에스프레소보다 추출 시간을 길게 하여 40mL 이상 추출된 에스프레소
도피오(Dopio)	'더블 에스프레소(Double Espresso)'를 뜻하며 '더블샷(Double Shot)' 혹은 '투 샷(Two Shot)'이라고 한다.
콘파나 (Caffè Con Panna)	에스프레소 위에 휘핑 크림을 올린 메뉴
에스프레소 마키아토 (Espresso Macchiato)	에스프레소에 소량의 우유 거품을 올린 메뉴
카페 라테 (Caffe Latte)	에스프레소에 우유를 넣어 부드럽게 즐기는 메뉴
카푸치노 (Cappuccino)	에스프레소에 우유와 거품의 조화로 라떼보다 우유량이 적어 조금 더 진하며. 전체 양은 150–180mL이다.
아메리카노 (Americano)	에스프레소에 물을 희석하여 제조한 메뉴
아인슈패너 (Caffè Einspänner)	뜨거운 아메리카노에 휘핑 크림을 얹은 메뉴로 '비엔나 커피'라고도 불린다.

샤케라토 (Shakerato)	이탈리아어로 '흔들다(Shake)'라는 뜻으로 셰이커에 에스프레소와 얼음, 물을 넣은 후 흔들어 제조한 커피로서 풍부한 거품이 특징이다.

연습 문제 ☕

01. 20세기 초반 이탈리아에서 유래된 커피로, 미세하게 분쇄된 커피 입자레 고압, 고온의 물을 가해 빠르게 추출하는 방식의 커피를 무엇이라 하는가?

(   )

02. 갈색의 천연 커피 크림이라고 하며, 오일이 증기에 노출되어 표면 위로 떠오른 것으로서 커피의 향을 담고 있는 성분을 무엇이라 하는가?

① 크레마   ② 크리머   ③ 크리미   ④ 크리마

03. 이탈리아의 에스프레소 추출 기준으로 틀린 것을 고르시오.

① 추출량 25~30ml   ② 추출 시간 20~30초

③ 추출 압력 9~10bar   ④ 물 온도 90~95℃

04. 다음 중 용어와 의미가 알맞게 연결된 것을 고르시오.

① 도징(Dosing) – 포터 필터와 탬퍼의 수평을 맞춘 후 커피를 다져 주는 작업

② 탬핑(Tamping) – 포터 필터와 탬퍼의 수평을 맞춘 후 커피를 다져 주는 작업

③ 레벨링(Levelling) – 필터 홀더에 분쇄된 커피 가루를 담는 작업

④ 테핑(Teping) – 필터 홀더에 분쇄된 커피 가루를 담는 작업

05. 에스프레소 추출 시 커피를 다지는 '탬핑(Tamping)' 과정을 위한 도구를 무엇이라 하는가?

(   )

06. 다음 과소 추출의 특징으로 잘못된 것을 고르시오.

① 너무 적은 분쇄 커피   ② 너무 짧은 추출 시간

③ 너무 많은 분쇄 커피   ④ 너무 굵은 분쇄 입자

07. 너무 많은 분쇄 커피양과 가는 분쇄 입자로 인하여 커피의 성분이 많이 추출된 것을 무엇이라 하는가?

(   )

08. 다음 설명 중 잘못된 것을 고르시오.

① 에스프레소는 추출이 진행될수록 옅은 색을 띤다.

② 에스프레소는 추출이 진행될수록 짙은 색을 띤다.

③ 에스프레소는 추출이 진행될수록 쓴 맛이 추출된다.

④ 에스프레소는 추출이 진행될수록 신 맛이 줄어든다.

09. 에스프레소 위에 휘핑 크림을 올린 메뉴를 무엇이라 하는가?

① 마키아토   ② 아메리카노   ③ 비엔나   ④ 콘파나

10. 일반적인 에스프레소보다 추출 시간을 짧게 하여 15ml 이하로 추출된 에스프레소를 무엇이라 하는가?

① 룽고   ② 리스트레토   ③ 도피오   ④ 마키아토

11. 뜨거운 아메리카노에 휘핑 크림을 올린 메뉴로서 '비엔나'라고도 불리는 커피의 이름은 무엇인가?

(   )

12. 에스프레소 추출의 순서로 알맞은 것을 고르시오.

① 포터 필터 건조 청결 → 물 흘리기 → 도징 → 레벨링 → 탬핑 → 추출

② 포터 필터 건조 청결 → 물 흘리기 → 레벨링 → 도징 → 탬핑 → 추출

③ 포터 필터 건조 청결 → 물 흘리기 → 탬핑 → 레벨링 → 도징 → 추출

④ 포터 필터 건조 청결 → 물 흘리기 → 도징 → 레벨링 → 테핑 → 추출

13. 더블 에스프레소(Double Espresso)를 뜻하며 더블샷(Double Shot) 혹은 투 샷(Two Shot)이라고도 불리는 음료의 명칭은 무엇인가?

(   )

14. 스페셜티 기준의 올바른 에스프레소 한잔의 분쇄 커피양, 추출량, 추출 시간을 선택하시오.

① 분쇄 커피양 5~7g / 추출량 20~30ml / 추출 시간 20~30초

② 분쇄 커피양 7~10g / 추출량 25~35ml / 추출 시간 20~30초

③ 분쇄 커피양 5~7g / 추출량 25~35ml / 추출 시간 30~35초

④ 분쇄 커피양 7~10g / 추출량 20~30ml / 추출 시간 30~35초

15. 이탈리아어로 '흔들다(shake)'라는 뜻으로서, 셰이커에 에스프레소와 얼음, 물을 넣어 흔들어 제조한 커피로 풍부한 거품이 특징인 음료의 명칭은 무엇인가?

(   )

16. 롱(Long)의 의미로, 보다 추출 시간을 길게 40ml 이상 추출된 에스프레소는 무엇인가?

① 룽고   ② 리스트레토   ③ 도피오   ④ 마키아토

17. 다음 빈 칸에 들어갈 단어를 적으시오.

> 포터 필터 건조 청결 〉 물 흘리기 〉 도징 〉 레벨링 〉 (   ) 〉 그룹 헤드 장착 〉 추출 〉 포터 필터 청결

(   )

▶▶ 연습 문제 해답 ◀◀

01 에스프레소   02 ①   03 ②   04 ②   05 탬퍼 (Tamper)   06 ③   07 과다 추출 (Over Extraction)   08 ②

09 ④   10 ②   11 아인슈페너   12 ①   13 도피오   14 ②   15 샤케라토   16 ①   17 탬핑

UNIT 03

커피 추출

3.1 커피 추출의 이해

커피 추출이란 '커피가 가지고 있는 성분을 뽑아내는 것'으로 커피의 품종, 원두의 볶은 정도, 커피의 분쇄 입자, 분쇄 커피양, 물의 온도, 물의 양 등 여러 조건들로 인해 커피 향미를 발현하는 과정이다. 이러한 추출 조건들은 커피 맛에 다양한 변수를 생겨나게 하기때문에 추출 조건을 제대로 이해하는 것이 중요하다.

미국 MIT 대학의 록하트(Lockhart) 교수의 'CBI(Coffee Brewing Institute)'에 의하여 커피 성분의 적정 추출량을 알아볼 수 있도록 작성된 커피 추출 조절 차트(Coffee Brewing Control Chart)에 의하면 커피와 물의 가장 적합한 비율은 1:18일 때 가장 이상적이라 보았다.

바로 이 비율을 '황금 비율'이라 하여 골든컵(Golden Cup)이라 칭하며, 이 골든컵의 비율은 '0.055'이다.

이 '골든컵'을 기준으로 TDS(Total Dissolved Solids, 총 용존 고형물)는 스페셜티 기준 '1.15~1.35'이고 추출 수율(Extraction Yield)은 '18~22%'이며, 18% 미만은 '과소 추출(Under Extraction)', 22% 이상은 '과다 추출(Over Extraction)'이라 한다.

예로 10g의 원두에 필요한 물의 양은 '10÷0.055=181.81'이므로 약 180ml의 물이 적당하다.

---

*골든컵(Golden Cup) : 커피의 가장 이상적인 추출 비율

*추출 수율(Extraction Yield) : 추출 시 사용되는 분쇄 커피양 중 얼마만큼의 성분이 물에 녹았는지(수용성 물질)에 대한 수율

* TDS(Total Dissolved Solids, 총 용존 고형물) : 커피 추출량에서 실제 물에 녹은 커피 성분의 양이 얼마나 되는지를 나타내는 비율, 농도

[커피 추출 조절 차트(Coffee Brewing Control Chart)]

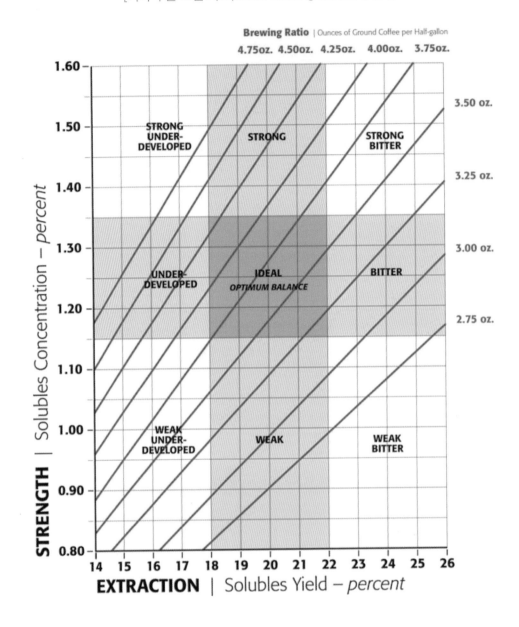

1. 추출 수율의 측정 방법

사용한 원두의 양(g) ÷ 추출된 커피 성분의 양(g) × 100

2. 추출 비율 측정 방법

추출된 커피의 총량(g) ÷ 사용한 원두 양

3. 추출 농도 측정 방법(TDS)

추출 수율(추출을 마친 커피의 양) × 추출 비율(커피에 녹아 나온 원두의 양)

3.2 커피 추출의 방식

커피 추출의 방식은 크게 '가압 추출(Pressed Extraction), 여과법(Brewing), 달임법(Decoction), 우려내기(Infusion)' 등의 4가지로 나뉜다.

1. 가압 추출(Pressed Extraction)

분쇄된 커피 가루에 뜨거운 물로 압력을 가해 추출하는 방식으로, 대표적인 추출 방법은 '에스프레소

(Espresso)'와 '모카포트(Mocha Pot)'가 있다.

2. 여과법(Brewing)

분쇄된 커피 가루에 뜨거운 물을 부어 추출하는 방식으로 대표적인 추출 방법은 '핸드 드립(Hand Drip)'과 '커피 메이커(Coffee Maker)', '워터 드립(Water Drip)'이 있다.

3. 달임법(Decoction)

세계에서 가장 오래된 커피 추출법으로, 추출 용기에 커피 가루와 물을 넣고 짧은 시간 동안 끓인 후 부유물이 가라앉으면 음용하는 방식을 말하며 대표적인 커피는 '터키식' 커피가 있다.

4. 우려내기(Infusion)

추출 용기에 커피 가루와 물을 넣고 커피 성분이 용해되길 기다린 후, 커피 가루를 걸러 음용하는 방식으로 대표적인 방식은 '프렌치 프레스(French Press)'가 있다.

3.3 카페인

카페인(Kaffein, Caffeine)은 커피나 차, 강장 음료, 약품 등에 들어 있는 혼합물로 중추 신경계에 작용하여 피로를 줄이고 정신을 각성시키는 효과가 있다.

카페인이 인체에 미치는 영향은 개인의 신체 크기와, 카페인에 대한 내성 정도에 따라 다르지만 일반적으로 적당량을 섭취할 경우 이뇨 작용을 촉진시키며 피로 회복의 역할을 한다.

성인의 1일 카페인 권장량은 400mg으로 적당량을 섭취하는 것이 좋으며, 에스프레소 한 잔의 카페인 함유량은 약 75mg으로 아메리카노 투 샷(Two Shot) 기준 한 잔의 카페인 함유량은 150mg이다.

커피 추출 시 카페인의 함유량은 커피와 물이 만나는 면적의 넓이와 추출 시간에 따라 다른데, 짧게 추출된 에스프레소보다 추출 시간이 긴 드립식 추출이 200mg으로서 카페인 함유량이 더 많다.

커피 추출 방식에 따른 카페인 함유량의 차이로 보면 '콜드브루'가 가장 많고 '에스프레소'가 가장 카페인 함유량이 적으며, 참고로 카페인은 커피의 쓴맛을 내는 성분 중 하나인데 이렇게 커피의 쓴맛을 이루는 성분은 '카페인, 클로로겐산, 트리고넬린' 등이 있다.

[추출 방식에 따른 카페인 함유량]

콜드브루(212mg) 〉 핸드 드립(200mg) 〉 아메리카노(125mg) 〉 에스프레소(75mg)

―――――――――― 연습 문제 ☕ ――――――――――

01. 커피의 추출 조건에 해당하지 않는 것을 고르시오.

① 원두의 볶은 정도　　　② 커피의 품종

③ 물의 온도　　　④ 커피의 재배 방법

02. 커피 성분의 적정 추출량을 제시한 커피 추출 조절 차트를 기준으로, 커피와 물의 가장 적합한 비율은 어떠한가?

[　　　　　　　　　　　　　]

03. 다음 중 스페셜티 기준으로 가장 이상적인 추출 수율은 무엇인가?

① 20~22%　　　② 19~21%　　　③ 18~22%　　　④ 17~21%

04. 다음 설명으로 틀린 것을 고르시오.

① 커피와 물의 가장 이상적인 추출 비율을 골든컵(Golden Cup)이라 한다.

② 추출 시 사용되는 분쇄 커피양 가운데 지용성 성분이 얼마만큼 용해되었는지에 대한 비율을 추출 수율이라 한다.

③ 추출 수율이 18% 미만일 경우 과소 추출, 22% 이상일 경우를 가리켜 과다 추출이라 한다.

④ 물에 녹은 커피 성분의 양이 얼마나 되는지를 나타내는 비율을 TDS라고 한다.

05. 美 MIT 대학 Lockhart 교수의 CBI(Coffee Brewing Institute)에 의해 작성된 것으로, 커피 성분의 적정 추출량을 나타내는 차트를 무엇이라 하는가?

〔   〕

06. 다음 중 커피 추출 방식이 아닌 것을 고르시오.

① 가압 추출   ② 여과법   ③ 증기법   ④ 달임법

07. 만약 25g의 원두로 250ml(g)를 추출했다면 추출 수율은 얼마인가?

〔   〕

08. 커피의 쓴맛을 이루는 성분 세 가지를 모두 쓰시오.

〔   〕

09. 다음 설명 중 틀린 것을 고르시오.

① 카페인은 피로를 줄이고 정신을 각성시키는 효과가 있다.

② 성인의 1일 카페인 권장량은 400mg이다.

③ 아메리카노 한 잔 당 카페인은 약 90mg이다.

④ 카페인 함유량은 콜드브루가 가장 높다.

10. 다음 설명으로 맞는 것을 고르시오.

① 에스프레소보다 추출 시간이 긴 드립식이 카페인 함유량은 더 적다.

② 콜드브루 추출보다 드립식 추출이 카페인 함유량은 더 많다.

③ 카페인은 커피의 쓴맛을 내는 성분 중 하나이다.

④ 카페인은 정신을 각성시키는 효과가 없다.

▶▶ 연습 문제 해답 ◀◀

UNIT 04

CHAPTER 01

향미 평가

1. 커핑의 필요성

커피는 기본적으로 '농작물'이기 때문에 같은 농장에서 나오는 생두라 하더라도 매 수확마다 다른 '향미'와 '퀄리티(Quality)'를 가질 수 있다. 이러한 커피의 변화를 체크하고 그 해에 좋은 생두를 선별하기 위해 향미를 평가하는 과정을 커핑(Cupping)이라고 한다.

'커핑'을 통해 생산자는 커피에서 나타나는 향미를 통해 다음 커피를 농작하고, 전체 공정에 있어 더 좋은 커피를 위한 개선점을 발견할 수 있으며 구매자는 그 해 생산된 커피 중 본인이 필요로 하는 향미를 가진 커피를 선택하여 구매할 수 있다.

이러한 커핑의 필요성과 중요성으로 인해 전문적으로 커핑을 하고 커피의 퀄리티를 평가하는 사람을 가리켜 커퍼(Cupper)라고 부른다.

2. 커핑 체크 항목

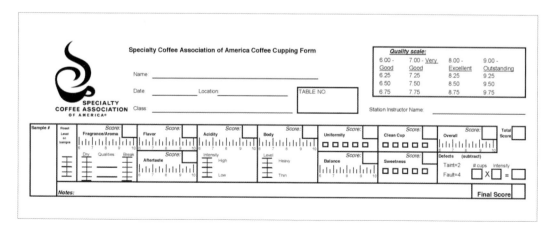

항목	의미
Roast Level of Sample	샘플 원두의 로스팅 정도
Fragrance/Aroma	분쇄된 원두의 향기와 추출된 커피의 향기
Flavor	입 안에서 느껴지는 향미의 품질과 강도, 복합성
Aftertaste	커피를 삼킨 후 입안에 남아 있는 향미
Acidity	신맛의 품질과 강도
Body	입안에서 느껴지는 지방 함량에 따른 촉감과 무게감
Uniformity	기준이 되는 5컵의 향미의 균일성
Balance	전체적인 커피의 균형감
Cleancup	커핑 과정 중 나타나는 부정적인 결점(Defect) 요소의 유무
Sweetness	커피에서 나타나는 단맛
Overall	평가자의 주관적인 가산 점수
Defects	결점두에서 느껴질 수 있는 부정적인 향미

3. 커핑 방법

준비물 : 원두, 뜨거운 물, 커핑 볼, 커핑 스푼

❶ ❷ ❸ ❹

❺ ❻ ❼ ❽

❶ 커핑에 사용할 원두를 분쇄하여 커핑 볼에 8.25g씩 계량한다.

❷ 커핑 볼에 담긴 분쇄된 원두의 'Dry Aroma'를 체크한다.

❸ 분쇄된 원두가 충분히 젖을 수 있도록 약 93℃의 물을 150ml 붓는다.

❹ 물을 부은 후 커핑 볼을 움직이지 않고 표면의 'Wet Aroma'를 체크한다.

❺ 4분이 지난 후 커핑 스푼을 사용하여 표면에 떠오른 Crust를 깨 준다.

❻ Crust가 깨지면서 커피에서 올라오는 향(Break)을 체크한다.

❼ 2개의 커핑 스푼을 이용하여 표면의 커피를 모두 걷어낸다.(Skimming)

❽ Skimming된 커피를 커핑 스푼을 사용하여 시음한다.

❾ 시음하며 각 항목에 점수 혹은 코멘트를 정리한다.

*Dry Aroma : 분쇄된 커피에 나타나는 향기

*Wet Aroma : 분쇄된 커피가 물과 만나 나타나는 향기

*Crust : 커핑 볼 표면에 떠오른 커피 층

*Skimming : 스푼으로 표면의 커피 층을 걷어내는 행위

4. 커핑 주의 사항

1) 한번 사용한 커핑 스푼은 깨끗한 물로 세척한 후 사용한다.

2) 물을 부은 이후의 커핑 볼을 이동하거나 충격을 주지 않는다.

3) 커핑 스푼을 커핑 볼에 과도하게 깊게 넣어 가라앉은 커피를 뒤섞지 않는다.

4) 커피의 온도가 뜨거울 때부터 식어가면서 나타나는 향미의 변화를 체크한다.

커핑 플레이버 휠(Cupping Flavor Wheel)

커핑 플레이버 휠은 많은 사람들이 동시에 커피를 평가하는 과정에서 의견을 공유하고 소통할 때 커피에서 느낄 수 있는 다양한 향미를 공통된 언어로 표현할 수 있도록 돕기 위해 만들어졌다.

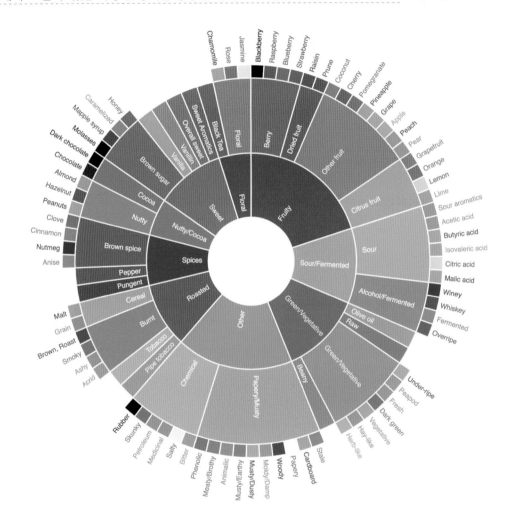

─────────── 연습 문제 ───────────

01. SCA에서 커핑을 진행할 때 권장하는 커피 양과 물의 양은 각각 얼마인지 쓰시오.

(   )

02. 커피라는 농작물의 향미와 가치를 전문적으로 평가하는 사람을 무엇이라 부르는가?

( )

03. 커핑을 진행 할 때 주의 사항 중 올바르지 못한 것은 무엇인가?

① 사용한 커핑 스푼은 세척 후 사용한다.

② 커피의 온도의 변화에 따라 나타나는 변화를 체크한다.

③ 커핑 스푼을 커핑 볼에 과도하게 깊게 넣어 가라앉은 커피를 뒤섞지 않는다.

④ 물을 부은 커핑 볼을 들어 충분히 Wet Aroma를 체크한다.

04. 커핑을 통해 커피를 평가할 때 기준이 되는 컵 품질의 균일성을 체크하는 5가지 항목은 무엇인가?

( )

05. 다음 항목 중 커피를 마시고 난 후 입 안에 남는 맛과 향을 평가하는 용어로서 커피의 후미 또는 여운이라 표현되는 커핑 용어는 무엇인가?

① Aroma　　　② Flavor　　　③ Body　　　④ Aftertaste

06. 다음 항목 중 입안에서 느껴지는 촉감과 질감 그리고 무게감과 관련된 평가를 체크하는 항목은 무엇인가?

① Aroma　　　② Flavor　　　③ Body　　　④ Aftertaste

07. 다음 항목 중 유일하게 평가자의 주관적인 평가와 선호도로 가산 점수를 줄 수 있는 항목은 무엇인가?

① Overall　　　② Balance　　　③ Cleancup　　　④ Flavor

08. 다음 보기의 신맛 중 커피의 신맛을 평가할 때 긍정적으로 평가되지 않는 것은 무엇인가?

① Orange

② Fermented

③ Citric Acid

④ Lemon

09. 커핑을 진행할 때, 숟가락을 이용하여 물을 부은 커핑 볼의 표면의 Crust를 깨고 갇혀 있던 향기를 체크하는 전반적인 행위를 무엇이라 하는가?

(   )

10. 커핑을 진행할 때, 두 개의 숟가락을 이용하여 Break된 표면의 Crust를 걷어내는 행위를 무엇이라 하는가?

(   )

▶▶ 연습 문제 해답 ◀◀

01 8.25g, 150ml   02 커퍼 (Cupper)   03 ④   04 Uniformity   05 ④   06 ③

07 ①   08 ②   09 브레이크 (Break)   10 스키밍 (Skimming)

UNIT 05

CHAPTER 01

우유

5.1 우유의 성분

우유의 대표 성분은 '수분, 단백질, 탄수화물, 지방, 무기질' 등으로 구성되어 있고, 이 중 약 88%가 수분으로서 크게 수분과 총 고형분으로 구분된다.

수분을 제외한 총 고형분은 '(유)지방'과 '무지 고형분'으로 분류되며, 무지 고형분은 '유기질'과 '무기질'로 구성되고, 유기질은 '질소 화합물'과 '무질소 화합물'로 나눌 수 있다.

1. 단백질

우유의 단백질은 '80%의 카세인(Casein, 불용성 단백질)'과 나머지 20%를 차지하는 '유청 단백질(수용성 단백질)'로 이루어져 있는데, 유청 단백질은 '베타-락토글로불린', '락토알부민', '락토페린' 등 '수용성 단백질'로 구성되어 있다.

우유의 흰색을 띠게 하는 성분인 카세인은 칼슘이나 인과 같은 무기질의 흡수를 촉진시키고, 우유의 성분들이 물과 원활하게 결합할 수 있게 해준다.

유청 단백질 중 베타-락토글로불린은 우유를 높은 온도로 가열했을 때 냄새(가열취)가 나는 요인이 되며, 우유 표면에 얇은 막을 생기게 한다.]

락트알부민은 우유가 가진 비린내의 요인이 되고, 락토페린은 우유의 항균 성분이다.

2. 탄수화물

수분 다음으로 많은 성분인 우유의 탄수화물은 유당(Lactose)으로, 포도당과 갈락토즈(Galactose)가 1대 1로 결합되어 만들어진 이당류이며, 우유의 단맛을 내는 것은 모두 유당에 의한 것으로서 감미도는 설탕의 약 1/3 수준이다.

유당은 소장에서 유당 분해 효소에 의해 '포도당'과 '갈락토즈'로 분해되어 혈액으로 흡수되는데, 유당 분해 효소가 없으면 유당은 소화되지 못하고 대장으로 넘어가 '유당 불내증'을 일으킨다.

> *유당 불내증(Lactose Intolerance)
>
> 유당이 대장으로 들어가 미생물에 의해 분해되어 가스가 발생 되고 이로 인해 복부의 경련, 팽배 등의 증상이 일어나고 설사를 초래하는 현상

3. 지방

우유에 있는 지방을 유지방이라고 하며 유지방은 '우유 지방질(Milk Lipid)'이라고도 불린다. 유지방은 대부분이 '트리글리세리드'와 '인지방질', '스테롤'과 '지용성 비타민'으로 구성되어 있으며 대부분 '유지방구(Milk Fat Globule)'와 '유지방구 막'에 존재한다.

지방구(脂肪球, Fat Globule)는 지방의 형태가 동그란 구형으로 우유 거품 제조 시 거품의 안정화 역할을 해준다.

4. 무기질(미네랄)

무기질은 '칼슘, 인, 나트륨, 칼륨, 마그네슘, 황' 등이 균형 있게 함유되어 있으며 그 중 '양이온 무기질(칼슘, 칼륨, 나트륨)' 함량이 높아 알칼리성 식품으로 분류된다.

우유 무기질 중 가장 많은 것은 '칼륨'으로 '나트륨, 염소'와 같이 물에 용해된 상태로 존재한다. 이에 비해 '칼슘'과 '인'은 물에 용해된 상태(가용성) 또는 카제인과 A-락토알부민에 결합한 상태(콜로이드성)의 것이 있다.

5.2 우유 스티밍

1. 우유 스티밍 원리

1~1.5bar의 높은 압력의 수증기로 우유 표면에 마찰을 일으켜 거품을 생성하고 온도를 높이는 것으로 '공기 주입-혼합'의 순서로 이루어진다.

'공기 주입'을 통해 우유 표면에 마찰을 일으키면 열에 의해 풀어진 단백질은 공기를 가두게 되어 거품을 형성하고, '혼합(롤링, Rolling)'을 통해 지방과 단백질을 결합시켜 거품의 밀도를 높여 준다.

우유의 온도가 40℃ 이상이 되면 우유 성분이 농축되어 단백질이 응고되므로, 공기 주입은 온도가 올라가기 전에 마치는 것이 좋다.

또한 우유는 68℃ 이상이 되면 단백질, 아미노산 등의 성분이 분해되어 우유의 비린내가 발생하므로, 너무 높은 온도로 스티밍하지 않는 것이 좋다.

2. 우유 스티밍 방법

❶ ❷ ❸

❹ ❺ ❻

❶ 스팀 피처에 냉장 우유를 붓는다.

❷ 행주로 스팀 노즐 팁을 감싼 후 기계 안쪽으로 스팀 밸브를 열어 수증기를 분사한다.

❸ 스팀 노즐 팁 연결선까지 우유에 담근 후 스팀 밸브를 열어 준다.

❹ 스팀 피처를 천천히 내려 공기 주입을 하며 원하는 높이까지 우유 거품을 만들어 준다.

❺ 원하는 높이의 거품이 만들어지면 온도가 올라갈 때까지 한 자리에서 우유를 혼합(롤링, Rolling)한다.

❻ 원하는 온도가 되면 스팀 밸브를 잠근 후 스팀 행주로 스팀 노즐을 깨끗이 닦아주고, 기계 안쪽을 향해 스팀 노즐을 밀어 둔다.

---

*스팀 피처(Steam Pitcher) : 우유를 데우거나 거품을 만들 때 사용하는 도구

*스팀 밸브(Steam Valve) : 스팀을 열어주는 밸브이다.

*스팀 노즐(Steam Nozzle) : 스팀이 나오는 통로이다.

*스팀 팁(Steam Tip) : 수증기가 나오는 구멍으로 2개, 3개, 4개 등 다양하다.

연습 문제 ☕

01. 우유의 대표 성분 5가지는 무엇인가?

　(　　　　　　　　　　　　　　　　)

02. 다음 (　) 안에 들어갈 알맞은 단어는 무엇인가?

우유의 단백질은 80%의 카세인과 20%의 (　　　　)(으)로 구성되어 있다.

　(　　　　　　　　　　　　　　　　)

03. 우유의 흰색을 띠게 하는 성분으로 맞는 것은 무엇인가?

① 카세인 　　　　② 탄수화물 　　　　③ 무기질 　　　　④ 지방

04. 다음 유청 단백질의 성분이 아닌 것은 무엇인가?

① 베타-락토글로불린 　　② 락토알부민 　　③ 갈락토즈 　　④ 락토페린

05. 우유를 높은 온도로 가열했을 때 냄새(가열취)가 나는 요인이 되는 성분은 무엇인가?

(　　　　　　　　　　　　　)

06. 에스프레소 머신의 스팀 압력으로 알맞은 것은 무엇인가?

① 1bar 　　　　② 1~1.5bar 　　　　③ 1~2bar 　　　　④ 1~2.5bar

07. 다음 단백질의 성분이 아닌 것은 무엇인가?

① 갈락토즈 　　　　② 카세인 　　　　③ 베타-락토글로불린 　　　　④ 락토페린

08. 우유 스티밍의 순서중 지방과 단백질을 붙여 거품의 밀도를 높이는 과정은 무엇인가?

(　　　　　　　　　　　　　)

09. 스팀 피처(Steam Pitcher)의 재질로 알맞은 것을 고르시오.

① 구리 　　　　② 동 　　　　③ 플라스틱 　　　　④ 스테인리스

10. 우유 거품 제조 시 거품의 안정화 역할을 해주는 성분으로 맞는 것은 무엇인가?

① 단백질 　　　　② 탄수화물 　　　　③ 무기질 　　　　④ 지방구

11. 우유를 높은 압력의 수증기로 데우거나 거품을 만드는 작업을 무엇이라 하는가?

(　　　　　　　　　　　　　)

12. 다음 예시 중 잘못된 우유 스티밍 방법을 고르시오.

① 행주로 스팀 노즐 팁을 감싼 후 기계 안쪽으로 스팀 밸브를 열어 수증기를 분사한다.

② 스팀 노즐 팁 연결선까지 우유에 담근 후 스팀 밸브를 열어 준다.

③ 스팀 피처를 최대한 빨리 내려 공기 주입을 하면서 우유 거품을 최대한 많이 만들어 준다.

④ 원하는 높이의 거품이 만들어지면 온도가 올라갈 때까지 한 자리에서 우유를 혼합(롤링, Rolling)해 준다.

13. 우모 현상은 우유의 특정 성분에 의해 생겨나는데, 이 성분은 무엇인가?

① 단백질   ② 무기질   ③ 탄수화물   ④ 지방

14. 커피 표면에 작은 깃털 모양의 조각이 떠다니는 것 같은 현상을 무엇이라 하는가?

(   )

15. 우유의 단백질 성분 중 카세인의 효능으로 맞는 것을 2가지 고르시오.

① 우유의 흰색을 띠게 하는 성분이다.

② 우유의 모든 단맛을 내는 성분이다.

③ 우유 거품 제조 시 거품의 안정화 역할을 하는 성분이다.

④ 우유의 성분들이 물과 원활하게 결합할 수 있게 해준다.

▶▶ 연습 문제 해답 ◀◀

01 수분, 단백질, 탄수화물, 지방, 무기질   02 유청 단백질   03 ①   04 ③ 05 베타-락토글로불린   06 ②

07 ①   08 혼합 과정   09 ④   10 ④   11 우유 스티밍   12 ③   13 ②   14 우모 현상   15 ①, ④

UNIT 06

라떼 아트

6.1   *라떼 아트(Latte Art)의 이해*

라떼 아트는 바리스타가 커피와 스팀 밀크를 사용하여 다양한 표현을 하는 행위를 말한다.

라떼 아트에서 나타나는 표면의 광택이나 벨벳처럼 부드럽고 섬세한 질감 등의 요소는 음료의 맛에 영향을 줄 뿐 아니라 시각적인 재미와 감동 또한 제공할 수 있다.

좋은 라떼 아트를 위해서는 잘 만들어진 '질 좋은 스팀 밀크'와 바리스타의 '섬세한 핸들링'을 필요로 하는데, 이때 질 좋은 스팀 밀크란 거품의 입자가 작고 균일해야 하며 우유와 거품이 층을 이루지 않고 잘 혼합된 상태여야 하고, 음용하기 적합한 온도(50~65℃)여야 한다.

6.2   *라떼 아트의 종류*

라떼 아트는 '프리 푸어링(Free Pouring)' 방식과 '에칭(Etching) 아트' 방식으로 나뉘는데, 프리 푸어링은 다른 도구를 사용하지 않고 잔과 피처의 높낮이 및 기울기만을 조절하여 오직 우유 붓기로 패턴을 만들어 가는 방식으로서 그만큼 바리스타의 숙련도가 필요하다.

에칭 아트는 뾰족한 도구를 사용하는데 이를 '에칭 펜'이라 칭하며, 에칭 펜을 사용하여 도화지에 그림을 그리듯 음료 위에 커피나 밀크 폼, 식용 색소 등을 사용하여 패턴을 그려 내는 방식이다.

프리 푸어링 방식에 비해 에칭 아트는 좀 더 편리하고 손쉬운 장점이 있다.

1. 프리 푸어링(Free Pouring) 기법

1) 하트

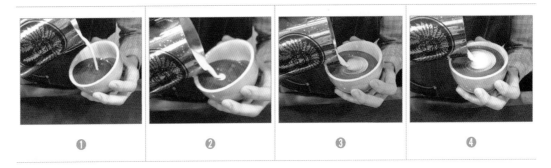

❶ 스팀 밀크를 에스프레소가 담긴 잔의 1/2 정도 채워 준다.

❷ 스팀 피처를 잔의 3/4 정도 지점에 위치시킨다.

❸ 일정한 속도와 양으로 스팀 밀크를 부어 준다.

❹ 하트가 만들어지고 잔이 차면 피처를 살짝 위로 들어 마무리한다.

2) 결하트

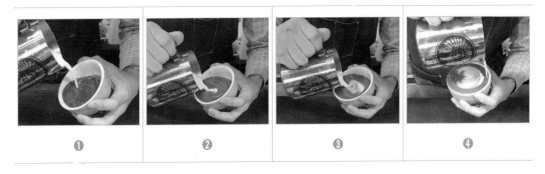

❶ 스팀 밀크를 에스프레소가 담긴 잔의 1/2 정도 채워 준다.

❷ 스팀 피처를 잔의 3/4 정도 지점에서 부어 준다.

❸ 결이 생길 수 있도록 피처를 좌우로 균일하게 흔들면서 부어 준다.

❹ 결하트가 만들어지고 잔이 차면 피처를 살짝 위로 들어 마무리한다.

3) 튤립

❶ 스팀 밀크를 에스프레소가 담긴 잔의 1/2 정도 채워 준다.

❷ 스팀 피처를 잔의 중간 지점에서 일정량 부어 밑 하트를 만든다.

❸ ②번에 이어 잔의 3/4 지점에서 윗 하트를 만들어 준다.

❹ 튤립이 만들어지고 잔이 차면 피처를 살짝 위로 들어 마무리한다.

4) 3단 하트

❶ 스팀 밀크를 에스프레소가 담긴 잔의 1/2 정도 채워준다.

❷ 스팀 피처를 잔의 중간 지점에서 일정량 부어 밑 하트를 만든다.

❸ ②번에 이어 잔의 3/4 지점보다 살짝 앞에서 중간 하트를 만들어 준다.

④ ③번에 이어 중간하트와 잔의 끝 중간에 윗하트를 만든다.

⑤ 3단 하트가 만들어지고 잔이 차면 피처를 살짝 위로 들어 마무리한다.

5) 로제타

❶ 스팀 밀크를 에스프레소가 담긴 잔의 1/2 정도 채워 준다.

❷ 스팀 피처를 잔의 중간 지점에서 결하트를 만들어 준다.

❸ ②번에서 자연스럽게 뒤로 빠지면서 핸들링을 해준다.

❹ 로제타가 만들어지고 잔이 차면 피처를 살짝 위로 들어 마무리한다.

2. 에칭(Etching) 아트 기법

1) 꽃

❶ 에스프레소가 담긴 잔에 스팀 밀크를 가득 부어 준다.

❷ 중심에 우유 거품을 올리고 초콜릿 소스로 테두리를 그려 준다.

❸ 에칭 펜을 이용하여 바깥에서 중심으로 그어 준다.

❹ 반대로 중심에서 바깥쪽으로 그어 주며 마무리한다.

2) 하트 고리

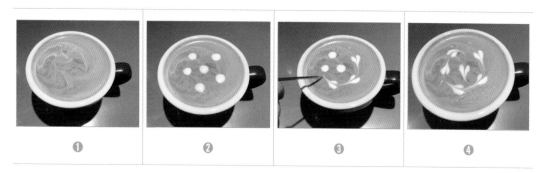

❶ 에스프레소가 담긴 잔에 스팀 밀크를 가득 부어 준다.

❷ 스팀 밀크 위에 떠오른 거품을 숟가락으로 떠서 올려 준다.

❸ 작은 우유 거품들이 겹치지 않도록 주의한다.

❹ 에칭 펜을 이용하여 한 방향으로 하트를 그리며 이어주며 마무리한다.

연습 문제 ☕

01. 바리스타가 커피와 스팀 밀크를 사용하여 다양한 표현을 하는 행위를 무엇이라 하는가?

(   )

02. 다음 라떼 아트의 설명으로 적절하지 못한 것은?

① 라떼 아트는 바리스타의 예술적 표현이다.

② 라떼 아트는 음료의 맛에 직접적인 영향을 준다.

③ 라떼 아트는 바리스타의 섬세한 핸들링이 필요로 한다.

④ 라떼 아트는 음료에 시각적인 재미를 더해 준다.

03. 다음 라떼 아트의 설명으로 적절하지 못한 것은?

① 라떼 아트는 프리 푸어링과 에칭으로 나뉜다.

② 프리 푸어링은 에칭 펜을 사용하여 그림을 그린다.

③ 에칭은 밀크 폼과 식용 색소 등을 사용할 수 있다.

④ 프리 푸어링은 별도의 식용 색소 등을 사용하지 않는다.

04. 좋은 스팀 밀크의 기준이 아닌 것은?

① 균일하고 작은 거품 입자

② 음용하기 적절한 온도

③ 우유와 거품의 명확한 분리

④ 스팀 밀크 표면의 광택

05. 라떼 아트의 종류 중 하나로 별도의 재료를 사용하지 않고 잔과 피처의 높낮이와 기울기의 조절만으로 패턴을 만드는 방식은 무엇인가?

(   )

06. 뾰족한 도구를 사용하여 그림을 그리는 방식으로 맞는 것을 고르시오.

① 라떼 아트　　　② 에칭 아트　　　③ 프리 푸어링　　　④ 핸들링

07. 다음 설명 중 틀린 것을 고르시오

① 라떼 아트는 커피와 스팀 밀크를 사용하여 다양한 표현을 하는 행위이다.

② 라떼 아트는 시각적인 재미와 감동 또한 제공할 수 있다.

③ 라떼 아트는 거품의 입자가 크고 우유와 거품이 층을 이루는 게 좋다.

④ 라떼 아트의 적합한 온도는 50~65℃이다.

08. 라떼 아트에 사용하는 도구의 하나로, 표면 위에 올라간 밀크 폼이나 식용 색소를 사용하여 그림을 그리는 뾰족한 도구를 지칭하는 것은 무엇인가?

[   ]

09. 라떼 아트를 하기 좋은 스팀 밀크의 조건으로 올바르지 못한 것은 무엇인가?

① 곱고 작은 입자의 거품

② 단단하고 굵은 입자의 거품

③ 음용하기 적당한 온도(60~65℃)

④ 우유와 거품이 잘 혼합된 상태

▶ 연습 문제 해답 ◀◀

01 라떼 아트 (Latte Art)　　02 ②　　03 ②　　04 ③　　05 프리 푸어링 (Free Pouring)

06 ②　　07 ③　　08 에칭 펜 (Etching Pen)　　09 ②

CHAPTER 02 | # 머신과 그라인더

에스프레소 머신

이해와 소모품

1. 에스프레소 머신의 역사

과거 에스프레소 머신이 발명되기 전 커피는 천이나 금속을 이용하였으나 기존의 방식은 중력만을 이용하여 커피를 추출하였기 때문에 시간이 오래 걸리고 추출의 변수가 많았기 때문에 상업적으로 적합하지 못한 방법이었다.

이러한 필요성에 의해 1885년 산타이스(Edourard Loysel de Santais)는 파리 만국박람회에서 증기압을 이용해 추출하는 '에스프레소 머신'을 세상에 선보이게 된다.

이는 1시간에 약 2천 잔의 커피를 추출할 수 있을 정도로 생산성이 좋은 머신이었으나 조작이 복잡하여 대중화되지는 못하였다.

그 후 1901년 루이지 베제라(Luigi Bezzera)가 에스프레소 머신의 특허를 출원하였고 이는 '최초의 상업용 에스프레소 머신'이라고 볼 수 있다.

1905년 데지데리오 파보니(Desiderio Pavoni)가 베제라의 '특허 사용권'을 취득한 이후 대중화에 한 발 다가서기 시작했고, 1947년 아킬레 가지아(Achille Gaggia)가 최초로 스프링을 사용한 '피스톤 방식'의 머신을 특허로 출원하였다.

이로써 기존에 '증기압(1.2~1.5 Bar)'을 이용하던 머신과 다르게 '피스톤(9~10 Bar)'을 이용하여 원두가 가지고 있는 지방 성분과 이산화탄소, 휘발성 향미 성분의 응집체인 '크레마(Crema)'가 생성되는 현재의 에스프레소와 유사한 추출이 가능하게 되었다.

2. 에스프레소 머신의 이해

❶ 추출 버튼   ❷ 온수 버튼   ❸ 스팀 레버   ❹ 온수 노즐   ❺ 스팀 노즐

❻ 전원 버튼   ❼ 압력계   ❽ *포터 필터   ❾ 그룹 헤드

*포터 필터(Portafilter) : 필터 홀더 + 필터 배스킷 + 스파웃(추출구) + 손잡이

3. 에스프레소 머신의 주요 부품

1) 히팅 코일 (Heating Coil)

역할 : 보일러 내부에 저장된 물을 가열

특징 : 외부 재질은 부식에 강한 동 소재나 스테인리스 스틸로 만들어지고, 내부 재질은 주로 가격이 저렴한 니크롬선으로 제작된다. 최대 가열 온도는 약 350℃이다.

2) 릴리프 밸브 (Relief Valve)

역할 : 높은 압력에 의한 사고를 방지

특징 : 스팀 압력이 1.8~2Bar 이상 올라가면 자동으로 작동하며 상부의
핀이 위로 올라오면 구멍 사이로 높은 압력의 스팀이 분출되어 압
력을 줄여 준다.

3) 솔레노이드 밸브 (Solenoid Valve)

역할 : 머신 내부의 물의 흐름과 차단에 영향

특징 : 사용 용도에 따라 '2Way' 솔레노이드 밸브와 '3Way' 솔레노이드
밸브로 나뉜다.

▷ 2Way 솔레노이드 밸브 = 탱크 급수용

▷ 3Way 솔레노이드 밸브 = 그룹 헤드 커피 추출용

4) 플로우 미터 (Flow Meter)

역할 : 물의 흐름을 감지하여 물 양을 조절

특징 : 원활한 물의 흐름을 위해 물이 인입되는 구멍이 배출되는 구멍에
비해 작다.

5) 수위 조절기 (Water Level Probe)

역할 : 머신이 작동하여 사용된 부족한 물을 보충

특징 : 수위 조절기의 전극봉이 물에 접촉하면 작동하지 않지만 전극봉
에 물이 접촉하지 않으면 펌프 전원이 작동하여 물을 보충한다.

6) 펌프 모터 (Pump Motor)

역할 : 수압을 커피 추출에 적합하게 승압

특징 : 1~2Bar의 물을 모터 회전에 의해 7~9Bar 가량 고압의 물로 만들
어 준다. 이때 바리스타가 필요에 따라 펌프 모터의 압력 레벨을
조정할 수 있다.

7) 진공 방지기 (Vacuum Breaker)

역할 : 머신이 정지 상태일 때 열의 수축으로 보일러 내부의 진공 상태를
방지

특징 : 상부의 핀이 올라가면 보일러 내부의 압력이 있는 것이고
내려가면 압력이 없는 것이다.

4. 에스프레소 머신의 소모품

1) 가스켓

역할 : 포터 필터와 그룹 헤드의 결합을 통해 물과 압력의 누출을 방지

교체 주기 : 3개월

교체 시기 : 포터 필터 장착 시 그룹 헤드와 수직이 아닌, 그 이상 넘어
가는 경우 / 포터 필터 장착 시 탄력이 느껴지지 않는 경우 /
가스켓이 경화 되어 가루나 조각이 떨어지는 경우

2) 샤워 스크린

역할 : 미세한 구멍을 통해 9Bar 물의 넓고 균일한 분배를 도움

교체 주기 : 6개월

교체 시기 : 샤워 스크린이 찢어져 불규칙적으로 분출되는 경우 / 샤워
스크린의 미세한 구멍이 막히거나 넓어져서 안정적인 추출
이 이루어지지 않는 경우

3) 정수 필터

역할 : 머신 내부의 스케일을 방지하고 커피 추출에 적합한 수질로 정수

교체 주기 : 6개월

교체 시기 : 머신의 물 공급이 원활하지 못한 경우 / 기존의 커피 맛에
부정적인 변화(녹맛)가 생기는 경우

1.2 · 머신의 종류 (1) 구동 방법에 따른 구분

1. 수동형 머신

수동형 에스프레소 머신은 바리스타의 힘을 이용하여 머신 내부의 피스톤을 작동시킴으로써 추출
하는 방식의 머신이다.

2. 반자동형 머신

반자동형 에스프레소 머신은 별도의 그라인더를 사용해 도징 처리 후 탬핑을 하여 추출하는 방식으

로서, 머신 내부에 물의 유량을 조절해 주는 '플로우 미터'가 없어 'ON/OFF'로 바리스타가 직접 추출량을 조절하는 방식의 머신이다.

3. 자동형 머신

자동형 에스프레소 머신은 반자동형 머신과 마찬가지로 별도의 그라인더를 사용하여 추출하는 것은 동일하지만 머신 내부에 플로우 미터가 존재하여 메모리 칩에 추출량을 저장한 후 자동으로 추출량 세팅이 가능한 방식의 머신이다.

4. 전자동형 머신

전자동형 머신은 기존의 에스프레소 머신과는 다르게 머신 내부에 그라인더가 내장되어 있고 별도의 도징, 탬핑 과정이 필요 없이 버튼 작동으로 추출까지 이루어지는 방식의 머신이다.

△ 수동형 머신

△ 반자동형 머신

△ 자동형 머신

△ 전자동형 머신

1. 단일형 보일러 머신

단일형 보일러 머신은 '스팀, 온수, 추출'까지 하나의 보일러를 사용하는 머신으로, '간접 가열' 방식을 사용한다. 가격이 저렴하고 유지 보수가 용이하다는 장점이 있지만, 하나의 보일러에서 모든 용도를 담당하기 때문에 단시간에 대량의 커피를 추출 시 추출 온도가 떨어질 수 있는 단점이 있다.

2. 분리형 보일러 머신

분리형 보일러 머신은 '스팀, 온수'에 사용되는 보일러와 '추출'에 사용되는 보일러를 분리하여 두 개의 보일러를 사용하는 머신으로, '직접 가열' 방식을 사용한다. 단일형 보일러와 달리 '스팀, 온수'를 사용하더라도 '추출'에 사용되는 보일러에 영향을 주지 않아 추출의 안정성이 상대적으로 높은 장점이 있다.

3. 개별형 보일러 머신

개별형 보일러 머신은 '스팀, 온수' 등에 사용되는 보일러와 '추출'에 사용되는 보일러를 그룹 헤드에 각각 장착하여 두 개 이상의 보일러를 사용하는 머신으로서, '직접 가열' 방식을 사용한다. 그룹 헤드마다 보일러가 장착됨으로써 머신에 따라서는 각 그룹 헤드의 추출 온도를 다르게 세팅할 수 있다는 장점이 있지만 그룹 헤드가 늘어날수록 보일러의 개수 역시 늘어나므로 가격이 높은 단점이 있다.

4. 혼합형 보일러 머신

혼합형 보일러 머신은 '스팀, 온수'에 사용되는 보일러와 '추출'에 사용되는 보일러를 그룹 헤드에 각각 나누어 사용하는 방식으로 개별형 보일러 머신과 유사하지만, '스팀, 온수' 보일러에서 1차적으로 데워준 물을 그룹 헤드마다 장착된 보일러에 보내어 각 그룹 헤드 보일러에서 2차적으로 온도를 높이는 방식을 사용함으로써 '직접 가열' 방식과 '간접 가열' 방식을 동시에 사용하고 있다. 단시간에 대량의 커피를 추출하는데 가장 적합한 머신이지만, 초기 비용과 유지 비용이 높은 단점이 있다.

❶ 그룹 헤드에서 포터 필터를 분리한다.

❷ 포터 필터 내부의 물기와 찌꺼기를 마른 리넨으로 제거한다.

❸ 포터 필터에 적정량의 원두를 담는다.

❹ 손이나 도구를 이용하며 원두 표면이 평평하게 레벨링해 준다.

❺ 탬퍼를 사용하여 레벨링된 원두 표면을 탬핑해 준다.

❻ 포터 필터에 충격이 가지 않게 유의하며 그룹 헤드에 장착한다.

❼ 추출 버튼을 누르고 잔을 포터 필터의 스파웃 아래에 위치시킨다.

❽ 추출이 정상적으로 이루어지는지 확인한다.

❾ 원하는 추출이 이루어졌다면 다시 [추출] 버튼을 눌러 마친다.

1.5 머신 청소 방법

1. 그룹 헤드 약품 역류 청소

❶ 블라인드 바스켓을 준비한다.

❷ 기존의 바스켓을 분리 후 블라인드 바스켓을 장착한다.

❸ 바스켓 위에 약품을 1스푼(1~2g) 담는다.

❹ 약품이 담긴 포터 필터를 그룹 헤드에 장착한다.

❺ [연속 추출] 버튼을 눌러 준다.

❻ 30초 가동 후 10초 정지를 5회 반복한다.

❼ 바스켓 위의 약품과 커피 찌꺼기를 청소한다.

❽ 그룹 헤드에서 포터 필터를 분리한 후 일정 시간(30초~1분) [추출] 버튼을 눌러 주어 머신 내부에 남은 약품과 커피 찌꺼기를 제거해 준다.

2. 포터 필터 (필터 홀더) 약품 청소

❶

❷

❸

④　　　　　　　　　　　　　　⑤

❶ 도구를 사용하여 필터 바스켓을 분리한다.

❷ 필터 홀더 내부의 스프링도 분리해 준다.

❸ 약품을 넣은 뜨거운 물에 필터 바스켓과 스프링을 넣어 약 30분간 충분히 담가 준다.

❹ 깨끗한 물로 세척한 후 마른 행주를 이용하여 물기를 제거해 준다.

❺ '스프링 〉 필터 바스켓' 순으로 장착한다.

3. 스팀봉과 노즐 약품 청소

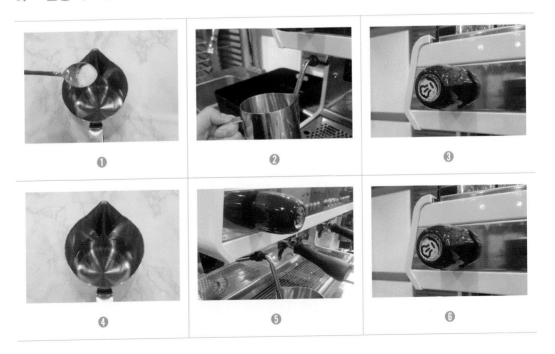

❶　　　　　　　　　　❷　　　　　　　　　　❸

❹　　　　　　　　　　❺　　　　　　　　　　❻

❶ 물이 담긴 스팀 피처에 약품을 1스푼(1~2g) 넣어 준다.

❷ 스팀 노즐이 물에 잠길 수 있도록 피처를 위치시킨다.

❸ 스팀 레버를 돌려 스팀 봉 내부와 외부에 우유 찌꺼기를 제거한다.

❹ 약품이 담긴 물을 비워 준 후 깨끗한 물을 담아 준다.

❺ 스팀 레버를 돌려 노즐 내부와 외부의 약품을 제거한다.

❻ 피처를 제거한 후 스팀을 빼준 후 젖은 행주로 닦아 마무리한다.

연습 문제 ☕

01. 최초로 피스톤 방식의 머신을 발명하여 크레마를 포함한 현재의 에스프레소의 형태를 추출 가능하게 한 사람은 누구인가?

① 루이지 베제라 (Luigi Bezzera)

② 데지데리오 파보니 (Desiderio Pavoni)

③ 아킬레 가지아 (Achille Gaggia)

④ 산타이스 (Edourard Loysel de Santais)

02. 에스프레소 머신 종류 중 피스톤 방식을 사용하여 바리스타의 힘으로 가압을 하는 방식의 머신은 무엇인가?

[   ]

03. 에스프레소 머신 종류 중 그라인더가 내부에 장착되어 있어 별도의 추가 과정 없이 커피 추출이 가능한 머신은 무엇인가?

① 수동형 머신　　② 반자동형 머신　　③ 자동형 머신　　④ 전자동형 머신

04. 에스프레소 머신 부품 중 물의 흐름을 감지하여 물 양을 조절할 수 있도록 도와주는 부품은 무엇인가?

① 진공 방지기 (Vacuum Breaker)

② 수위 조절기 (Water Level Probe)

③ 펌프 모터 (Pump Motor)

④ 플로우 미터 (Flow Meter)

05. 에스프레소 머신의 구성품 중 보일러 내부의 물을 가열하는 역할을 하며, 최대 가열 온도가 350℃ 까지 올라가는 부품은 무엇인가?

(   )

06. 다음 중 원활한 커피 추출을 위해 1~2Bar의 물을 7~9Bar까지 승압시켜 주는 역할을 하는 에스프레소 머신의 부품은 무엇인가?

① 가스켓 (Gasket)   ② 펌프 모터 (Pump Motor)

③ 플로우 미터 (Flow Meter)   ④ 솔레노이드 밸브 (Solenoid Valve)

07. 대표적인 에스프레소 머신의 소모품 중 그룹 헤드와 필터 홀더의 결합력을 높여 그룹 헤드 내부의 압력이 빠져나가는 것을 막아 주는 소모품은 무엇인가?

(   )

08. 에스프레소 머신의 종류 중 스팀, 온수, 추출까지 하나의 보일러를 사용함으로써 가격은 저렴하지만 단시간 대량 추출시 안정성이 떨어질 수 있는 머신은 무엇인가?

(   )

09. 에스프레소 머신의 종류 중 스팀, 온수에 사용하는 보일러와 그룹 헤드마다 추출에 사용되는 보일러를 구분하여 직접 가열 방식을 사용하는 머신은 무엇인가?

① 혼합형 보일러   ② 단일형 보일러   ③ 분리형 보일러   ④ 개별형 보일러

10. 다음 중 주기적인 에스프레소 머신 청소가 이루어져야 하는 이유가 아닌 것은 무엇인가?

① 청결과 위생   ② 고장 방지   ③ 높은 생산성   ④ 균일한 맛

▶▶ 연습 문제 해답 ◀◀

01 ③   02 수동형 머신   03 ④   04 ④   05 히팅 코일 (Heating Coil)

06 ②   07 가스켓 (Gasket)   08 단일형 보일러 머신   09 ④   10 ③

UNIT 02

그라인더

2.1 그라인더의 이해

1. 반자동형

반자동형 그라인더는 전원 스위치가 [ON] 상태가 되면 자동으로 분쇄가 시작되며, 분쇄된 원두는 도저(도징 체임버)에 쌓이게 되고 [OFF] 상태가 되어야 분쇄가 끝난다.

바리스타가 도징 레버를 당길 때마다 도저에 쌓여 있던 분쇄된 원두가 포터 필터 안으로 담기게 되는 방식이다.

원두를 도저에 미리 분쇄해 두면 작업 속도가 빨라지지만, 분쇄된 원두가 쌓여 있는 시간이 길어질수록 원두의 산패가 빠르게 진행되며 원두의 향미 손실이 크게 발생할 수 있으니 주의해야 한다.

△ 반자동형 그라인더

△ 자동형 그라인더

2. 자동형

자동형 그라인더는 전원 스위치 [ON] 상태에서 포터 필터로 버튼을 누르게 되면, 그라인더 내부의 '메모리 칩'에 미리 세팅된 시간 동안 그라인더가 작동하며 포터 필터 안으로 분쇄된 원두가 담기게 된다. 버튼을 누를 때마다 일정 시간 동안 분쇄가 이루어지기 때문에 별도의 도저(도징 체임버)를 필요로 하지 않는다. 또한 한 번 사용할 원두만큼만 분쇄를 하기 때문에 원두의 손실이 적고 원두의 산패와 향미 손실의 측면에서 유리하다.

2.2 그라인더 날의 종류

1. 칼날형 (Blade)

특징 : 분쇄 시간이 입자 크기에 영향을 줌

(분쇄 시간↑ = 입자↓ / 분쇄 시간↓ = 입자↑)

장점 : 가격이 저렴함 / 분쇄 속도가 빠름

단점 : 발열이 심함 / 입자 조절이 어려움 / 분쇄 입자가 불균형함

2. 코니컬형 (Conical Burr)

특징 : 입체적인 두 날 중 원추형 날이 회전하며 분쇄,

핸드밀(Hand Mill)에서 주로 사용됨

장점 : 발열이 적음 / 다양한 맛을 나타내기 용이함

단점 : 분쇄 속도가 느림

3. 플랫형 (Flat Burr)

특징 : 날이 평평하며 상단의 날은 고정된 상태로 하단의 날이 회전
하며 분쇄

장점 : 분쇄 속도가 빠름 / 분쇄 입자가 균일함 / 일정한 맛을 나타내
기 용이함

단점 : 발열이 심함

2.3 그라인더의 구성

❶ 호퍼 (Hopper)   ❷ 분쇄 조절 디스크   ❸ 도저 (Doser) / 도징 체임버 (Dosing
Chamber)   ❹ 도징 레버 (Dosing Lever)   ❺ 전원 스위치

작동 방법 및 분쇄도 조절

1. 그라인더 작동 방법

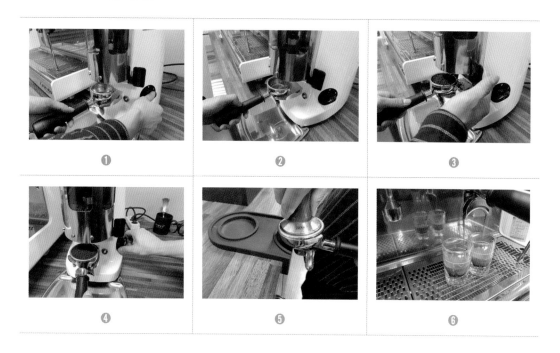

❶ 그라인더의 전원 스위치를 [ON]으로 돌린다.

❷ 포터 필터를 그라인더에 장착한다.

❸ 도저에 분쇄된 원두가 쌓이기 시작하면 도징 레버를 수차례 당긴다.

❹ 원하는 양만큼 포터 필터에 담기면 전원 스위치를 [OFF]로 돌린다.

❺ 도구나 손을 이용하여 레벨링을 해준 후 탬핑을 한다.

❻ 그룹 헤드에 포터 필터를 장착하여 추출한다.

2. 분쇄도 조절

원두의 특징, 추출 도구, 커피와 물의 접촉 시간 등을 파악하여 커피 원두를 작은 입자로 '그라인딩

(Grinding)'하는 것을 말한다.

이때 분쇄 입자가 작을수록 커피와 물의 접촉 시간이 길어져 성분이 더 많이 용해되므로 보다 진해지기 때문에 추출 도구와 추출 방식에 따라 입자의 크기를 알맞게 하는 것이 중요하다.

추출 도구 중 가장 가늘게 분쇄되는 것은 '이브릭(Ibrik)'이며 가장 굵게 분쇄되는 추출 도구는 '프렌치 프레스(French Press)'이다.

[도구에 따른 분쇄도의 굵기]

이브릭(Ibrik) 〈 모카포트(Mocha Pot) 〈 에스프레소(Espresso) 〈 사이폰(Syphon) 〈 드립(Drip) 〈 프렌치 프레스(French Press)

3. 분쇄도 조절 방법 (준비물 : 샷 글라스, 초 시계)

에스프레소 추출에는 다양한 변수가 존재하는데 '날씨, 온도, 습도'와 같은 자연 환경은 바리스타가 직접적으로 통제할 수 없는 변수이기 때문에 바리스타는 상황에 맞게 '분쇄도'를 조절할 수 있는 능력을 갖춰야 한다.

❶ 분쇄도 조절이 되지 않은 원두의 표면이 탬핑을 한 후 필터 바스켓 내부의 가이드 라인에 위치하도록 조절하여 추출한다.

❷ 추출한 커피가 1Oz(30ml) 기준으로 '30±5초'보다 빠르게 추출된다면 그라인더의 분쇄 조절 디스크를 'Fine(가늘게)' 쪽으로, 느리게 추출된다면 'Coarse(굵게)' 쪽으로 이동시킨 후 ①과 동일하게 탬핑된 원두의 표면을 가이드 라인에 맞춘 후 추출한다.

❸ 분쇄도 조절이 이루어지지 않은 경우 ②의 과정을 반복한다.

그라인더의 청소 방법

❶   ❷   ❸   ❹

❶ 그라인더의 전원 스위치를 [ON]으로 돌린다.

❷ 원두 투입구에 남은 원두를 모두 제거한다.

❸ 분쇄 조절 디스크를 최대로 풀어 상부 날과 하부 날을 분리한다.

❹ 부드러운 솔과 청소기를 이용하여 그라인더 내부와 날, 도저를 청소한다.

❺ 청소가 끝나면 역순으로 재조립한다.

연습 문제

01. 날의 종류에 따른 그라인더의 구분 중 가격이 저렴한 장점과 분쇄 입자가 불균형한 단점이 있으며 커피 입자의 크기가 분쇄 시간에 영향을 받는 그라인더는 무엇인기?

① 칼날형 그라인더 (Blade)

② 코니컬형 그라인더 (Conical Burr)

③ 플랫형 그라인더 (Flat Burr)

④ 롤형 그라인더 (Roll)

02. 날의 종류에 따른 그라인더의 구분 중 입체적인 2개의 날을 사용하며 분쇄 속도가 상대적으로

느리지만 발열이 적은 장점을 가진 그라인더는 무엇인가?

① 칼날형 그라인더 (Blade)

② 코니컬형 그라인더 (Conical Burr)

③ 플랫형 그라인더 (Flat Burr)

④ 롤형 그라인더 (Roll)

03. 그라인더 종류 중 분쇄된 원두를 일시적으로 담아 두는 도저가 존재하고, 도징 레버를 통해 바리스타가 원하는 양만큼 필터 홀더에 담을 수 있는 그라인더는 무엇인가?

( )

04. 자동형 그라인더를 사용할 때 바리스타가 원하는 시간 동안 분쇄할 수 있도록 조절, 세팅을 수행하는 부품은 무엇인가?

( )

05. 다음 그라인더 부품 중 분쇄도 조절을 함에 있어 가장 우선적으로 조절해야 하는 부품은 무엇인가?

① 호퍼   ② 도저(도징 체임버)   ③ 분쇄 조절 디스크   ④ 도징 레버

06. 그라인더 구성품 중 분쇄되지 않은 원두를 담아 두는 통의 명칭은 무엇인가?

( )

07. 그라인더 구성품 중 도저에 담겨 있는 분쇄된 원두를 필터 홀더에 담아 주는 역할을 하는 것은 무엇인가?

( )

08. 다음 설명 중 잘못된 내용을 고르시오

① 칼날형 그라인더는 핸드밀에서 주로 사용된다.

② 칼날형 그라인더는 분쇄 속도가 빠르다.

③ 플랫형 그라인더는 분쇄 속도가 빠르다.

④ 플랫형 그라인더는 일정한 맛을 내기에 용이하다.

09. 다음 추출 방법 중 일반적인 추출 방법에 따른 분쇄도 중 가장 굵은 분쇄도를 필요로 하는 것은 무엇인가?

① 이브릭   ② 사이폰

③ 프렌치 프레스   ④ 융드립

10. 다음 설명으로 맞는 것을 고르시오.

① 분쇄 입자가 작을수록 추출 시간은 빨라진다.

② 분쇄 입자가 작을수록 추출 시간은 느려진다.

③ 분쇄 입자가 굵을수록 추출 시간은 느려진다.

④ 분쇄 입자가 굵을수록 커피는 진해진다.

▶▶ 연습 문제 해답 ◀◀

01 ①   02 ②   03 반자동형 그라인더   04 메모리 칩   05 ③

06 호퍼 (Hopper)   07 도징 레버 (Dosing Lever)   08 ①   09 ③   10 ②

UNIT 03

로스팅

3.1 로스팅의 이해

1. 로스팅의 의미

로스팅(Roasting)이란 '볶는다'는 뜻으로, 생두(Green Bean)에 열을 가해 생두가 가지고 있는 조직을 최대한 팽창시킴으로써 '향'과 '맛'을 발현시키는 것을 의미한다.

로스팅을 하는 사람을 '로스터(Roaster)'라고 하며, 로스팅의 과정은 크게 '건조 〉 열분해 〉 냉각' 순으로 이루어진다.

2. 로스팅의 과정

1) 건조 단계(Drying Phase)

로스팅의 초기 단계로서 생두가 가지고 있는 수분을 증발시켜 수분 함량이 70~80%까지 소실되며, 수분이 열을 흡수하는 '흡열 반응(Endothermic)'으로 1차 *크랙 전까지 진행된다.

건조 단계에서는 옅은 녹색에서 점차 노란색으로 변하며, 향은 식물의 풋내에서 곡물의 향으로 바뀌게 된다.

2) 열분해 단계(Roasting Phase)

2번의 크랙이 발생하며 크랙이 시작되는 순간부터 열을 방출하는 '발열 단계(Exothermic)'로 원두의 부피 증가와 무게 감소, 조직이 부서지기 쉬운 상태로 바뀐다.

이 단계에선 생두의 함유된 당분이 열에 의해 캐러멜당으로 갈변하는 '캐러멜화(Caramelization)'가 이루어지며, '이산화탄소'와 '휘발성 산'이 생성된다.

3) 냉각 단계(Cooling Phase)

로스팅이 끝난 후 커피콩 내부의 높은 온도를 빠르게 식혀 주는 단계로서, 로스터기의 쿨러(Cooler)로 차가운 공기를 순환하여 식히거나 원두에 물을 분사하여 식히는 방법이 있다.

물을 분사할 때에는 커피에 물이 흡수되지 않도록 사용량에 주의해야 한다.

[로스팅 단계별 물리적 변화]

상태	건조 단계 (Drying Phase)	열분해 단계 (Roasting Phase)
반응	흡열 단계	발열 단계
색깔	옅은 녹색 〉 노란색 〉 계피색	옅은 갈색 〉 갈색 〉 짙은 갈색 〉 검은색
부피	수축	팽창

*크랙(Crack) : 생두 내부의 수분이 열과 압력에 의해 기화하면서 발생하는 파열음으로서,
'팝(Pop)' 혹은 '팝핑(Popping)'이라고도 한다.

3.2 로스팅의 단계 분류

로스팅 변화에 따른 단계별 분류는 국가나 지역마다 명칭의 차이가 있는데, 우리나라에서는 일본의 '8단계 분류법'과 'SCA 분류법'을 혼용하고 있다.

[로스팅 단계별 분류]

명도(L값)	일본
30.2	라이트 (Light)
27.3	시나몬 (Cinnamon)

타일 넘버	SCA
#95	베리 라이트 (Very Light)
#85	라이트 (Light)

24.2	미디엄 (Medium)	#75	모더리트리 라이트 (Moderately Light)
21.5	하이 (High)	#65	라이트 미디엄 (Light Medium)
18.5	시티 (City)	#55	미디엄 (Medium)
16.8	풀 시티 (Full-city)	#45	모더리트리 다크 (Moderately Dark)
15.5	프렌치 (French)	#35	다크 (Dark)
14.2	이탈리안 (Italian)	#25	베리 다크 (Very Dark)

3.3 로스터기의 종류

'로스터기의 종류'는 크게 직화식, 반열풍식, 열풍식 등 3가지로 나뉘며 '열 전달 방식'은 전도열, 대류열, 복사열로 나뉜다.

주로 '직화식'은 전도열, '반열풍식'은 전도열과 대류열, '열풍식'은 복사열을 사용한다.

1) 직화식

[직화식]

원통형의 드럼으로 구멍을 통해 열이 직접 전달되는 방식으로, 로스팅이 비교적 까다롭다.

2) 반열풍식

[반열풍식]

드럼 표면과 후면의 구멍을 통해 열이 통과하는 방식으로 보편적으로 가장 많이 사용하는 로스터기이다.

열이 간접적으로 전달되므로 직화식에 비해 균일한 로스팅이 가능하다.

3) 열풍식

[열풍식]

뜨거운 공기가 드럼 내부를 통과하여 열에너지를 생두에 전달하는 방식으로 단시간에 로스팅을 할 수 있다.

대량 생산의 장점이 있으나, 예열 시간이 긴 단점이 있다.

3.4 로스터기의 구성

▲ 로스터기 THCR-06

▲ 제연기 THAB-06

[제공 : (주)태환자동화산업]

❶ 호퍼 (Hopper) :   로스팅할 생두를 담아 두는 곳

❷ 앞 후터 고정 추 : 원두 배출구를 막고 있는 개폐 장치

❸ 샘플러 (Sampler) : 로스팅의 진행 상황을 확인할 수 있는 장치

❹ 쿨러 (Cooler) : 커피 콩 내부의 높은 온도를 빠르게 식혀 주는 장치

❺ 댐퍼 (Damper) : 드럼 내부의 공기 흐름과 열량을 조절하는 장치

❻ 사이클론 (Cyclone) : 로스팅 시 발생한 미세먼지 및 냄새를 집진하고 채프(Chaff, 생두 껍데기)
　　　　　　　　　를 배출시켜 쌓는 장치

3.5　*커피 블렌딩*

블렌딩(Coffee Blending)이란 특징이 다른 2가지 이상의 커피를 배합하여 새로운 향미를 창조해 내는
것으로 '혼합 블렌딩'과 '단종 블렌딩'으로 나뉜다.

1. 혼합 블렌딩 (선 블렌딩, Blending Before Roasting)

로스팅을 하기 전 각기 다른 생두를 혼합하여 동시에 볶는 방법으로, 시간 단축의 장점이 있으나 포
스팅 포인트를 잡기 힘든 단점이 있다.

2. 단종 블렌딩 (후 블렌딩, Blending After Roasting)

각기 다른 품종의 생두를 각각 로스팅하여 비율에 맞추어 혼합하는 방법으로, 원두의 특성을 최대
한 발현할 수 있다는 장점이 있으나 그만큼 재고 관리가 쉽지 않고 로스팅 컬러가 불균일하다는 단
점이 있다.

연습 문제 ☕ ---

01. '볶는다'는 뜻으로 생두가 가지고 있는 조직을 최대한 팽창시켜 향과 맛을 발현하는 것을 무엇이라 하는가?

〔　　　　　　　　　　　〕

02. 로스팅을 하는 사람을 칭하는 명칭으로 맞는 것을 고르시오.

① 로스터 (Roaster)　　　　　② 바리스타 (Barista)

③ 로스타 (Roastar)　　　　　④ 로우스터 (Raowster)

03. 로스팅의 과정으로 맞는 것을 고르시오

① 건조 – 냉각 – 열분해　　　② 열분해 – 건조 – 냉각

③ 건조 – 열분해 – 냉각　　　④ 열분해 – 냉각 – 건조

04. 생두의 수분이 열을 흡수하는 흡열 반응(Endothermic)으로 1차 크랙 전까지 진행되는 로스팅 과정은 무엇인가?

〔　　　　　　　　　　　〕

05. 다음 중 로스터기의 종류가 아닌 것은 무엇인가?

① 직화식　　　　② 반열풍식　　　　③ 열풍식　　　　④ 직열식

06. 다음 중 로스터기의 열전달 방식이 아닌 것은 무엇인가?

① 전도열　　　　② 반사열　　　　③ 대류열　　　　④ 복사열

07. 다음 로스팅 단계 분류법으로 SCA 분류법이 아닌 것은 무엇인가?

① 라이트(Light)　　　　② 라이트 미디엄(Light Medium)

③ 하이(High)　　　　　　④ 미디엄 (Medium)

08. 로스터기 명칭에 관한 설명으로 연결이 잘못된 것을 고르시오.

① 샘플러(Sampler) : 로스팅의 진행 상황을 확인할 수 있는 장치

② 댐퍼(Damper) : 드럼 내부의 공기 흐름과 열량을 조절하는 장치

③ 호퍼(Hopper) : 커피 콩 내부의 높은 온도를 빠르게 식혀 주는 장치

④ 사이클론 : 채프(Chaff, 생두 껍데기)가 쌓이는 공간

09. 커피 콩 내부의 온도를 차가운 공기로 빠르게 식혀 주는 장치를 무엇이라 하는가?

(　　　　　　　　　　　　　　　)

10. 다음 중 반열풍식의 특징이 아닌 것을 고르시오.

① 드럼 표면과 후면의 구멍을 통해 열이 통과하는 방식이다.

② 열이 직접적으로 전달되므로 균일한 로스팅이 가능하다

③ 보편적으로 많이 사용하는 로스터기이다.

④ 생산 효율이 높아 대형 사업장에서 사용되고 있다.

11. 다음 설명으로 맞는 것을 고르시오.

① 혼합 블렌딩은 각기 다른 생두를 혼합하여 동시에 볶는 것을 말한다.

② 혼합 블렌딩은 로스팅 컬러가 불균일한 단점이 있다.

③ 단종 블렌딩은 로스팅시 시간 단축의 장점이 있다.

④ 단종 블렌딩은 원두의 특징을 최대한 살릴 수 있는 장점이 있다.

12. 로스팅 시 가장 많이 감소되는 성분은 무엇인가?

① 수분　　　　　　　　② 지방

③ 단백질　　　　　　　④ 탄수화물

13. 다음 중 로스팅에 대한 설명으로 틀린 내용을 고르시오.

① 로스팅이 진행될수록 수분은 감소한다.

② 로스팅이 진행될수록 밀도는 증가한다.

③ 로스팅이 진행될수록 부피는 증가한다.

④ 로스팅이 진행될수록 색깔은 짙어진다.

14. 다음 중 로스터기에 대한 설명으로 잘못된 것을 고르시오.

① 직화식은 생두에 열이 직접 전달되는 방식으로 로스팅이 비교적 쉽다.

② 열풍식은 단시간에 로스팅을 할 수 있는 장점이 있다.

③ 열풍식은 대량 생산의 장점이 있다.

④ 반열풍식은 뜨거운 열이 통과하는 방식이다.

15. 열분해 단계에서 생두에 함유된 당분이 열에 의해 갈변하는 반응을 무엇이라 하는가?

(   )

▶▶ 연습 문제 해답 ◀◀

01 로스팅 (Roasting)   02 ①   03 ③   04 건조 단계   05 ④   06 ②   07 ③   08 ③   09 쿨러 (Cooler)

10 ②   11 ④   12 ①   13 ②   14 ①   15 캐러멜화 (Caramelization)

CHAPTER 03 | **매장 관리의 이해**

3.1 위생 관리

3.2 고객 서비스

3.3 매장 관리

UNIT 01

위생 관리

1.1   *HACCP*

1. HACCP의 정의

HACCP은 위해 '요소 분석(Hazard Analysis)'과 '중요 관리점(Critical Control Point)'의 영문 약자로서 '해썹' 또는 '식품 안전 관리 인증 기준'이라 한다.

위해 요소 분석(Hazard Analysis)이란 인체에 신체적 위해를 가할 수 있는 해당 요인들을 미리 예측하고 사전에 파악하는 것을 의미하며, 중요 관리점(Critical Control Point)이란 위해 요소들을 예방하거나 허용 수준으로 감소시키기 위해 필수적으로 관리하여야 할 항목을 뜻한다.

즉 'HACCP'은 위해 방지를 위한 사전 예방적 식품 안전 관리 체계라 볼 수 있다.

HACCP은 '식품의 원재료'부터 '제조, 가공, 보존, 유통, 조리' 단계를 거쳐 최종 소비자가 섭취하기 전까지의 각 단계에서 발생할 우려가 있는 위해 요소를 분석하고, 이를 중점석으로 괸리하기 위한 중요 관리점을 결정하여 자율적이며 체계적이고 효율적인 관리로 식품의 안전성을 확보하기 위한 과학적인 위생 관리 체계라고 할 수 있다.

2. HACCP의 유래

HACCP은 1959년 미국에서 NASA의 요청으로 우주 식품에 적합한 '무균' 상태의 식품을 만들기 위해 처음 시작되었다. 무균 상태의 식품을 만들기 위해서는 '원료, 공정' 환경에 이르는 모든 생산 요소의 철저한 위생 관리를 필요로 하는데, 이러한 생산 요소를 통제하고 규격화하기 위해 HACCP을 실시하게 되었다.

HACCP이 실시된 이후 1980년대에 대중화되기 시작하였으며 국내에서는 1995년 12월 29일 식품위생법에 HACCP 제도가 도입되었다.

3. HACCP의 7원칙

① 위해 요소 분석	– 원·부재료 및 제조 공정 중 발생 가능한 잠재적인 위해 요소 도출 및 분석
② 중요 관리점 결정	– 확인된 위해 요소를 제어할 수 있는 공정(단계) 결정
③ 한계 기준 설정	– 중요 관리점에서 위해 요소가 제어될 수 있는 공정 조건 설정
④ 모니터링 체계 확립	– 중요 관리점의 한계 기준을 벗어나는지 확인 가능한 절차 및 주기 설정
⑤ 개선 조치 방법 수립	– 모니터링 중 공정 조건이 한계 기준을 넘어서는 경우 개선 조치 방법 수립
⑥ 검증 절차 및 방법 수립	– HACCP 시스템이 유효하게 운영되고 있는지 확인할 수 있는 방법 수립
⑦ 문서화 및 기록 유지	– HACCP 관리 계획 및 기준을 문서화하고 관리 사항 기록 및 유지

1. 식중독의 정의

식중독은 인류가 깨끗하지 못한 물이나 음식물을 섭취함에 따라 나타나는 인체의 기능적인 장애로, '두드러기, 발열(두통), 구토, 설사, 복통' 등을 주된 증상으로 하는 소화기계, 신경계 등 전신 증세를 나타내는 질병을 말한다.

2. 식중독의 분류

대분류	중분류	소분류	인균 및 물질
미생물	세균성	독소형	황색포도상구균, 보툴리눔, 클로스트리디움
		감염형	살모넬라, 병원성 대장균, 바실러스,
	바이러스성	공기, 접촉, 물 등의 경로로 전염	노로 바이러스, 로타 바이러스, 간염A 바이러스
화학 물질	자연독	동물성 자연독에 의한 중독	복어독, 시가테라독
		식물성 자연독에 의한 중독	감자독, 버섯독
		곰팡이 독소에 의한 중독	황변미독, 맥가독, 아플라톡신
	화학적	고의 혹은 오용으로 첨가된 유해 물질	식품 첨가물

본의 아니게 잔류, 혼입된 유해 물질	잔류 농약, 유해성 금속 화합물
제조 · 가공 · 저장 중 생성된 유해 물질	지질의 산화 생성물, 니트로소아민
기타 물질에 의한 중독	메탄올
조리 기구 · 포장에 의한 중독	구리, 납, 비소

3. 식중독 예방 3대 원칙

1) 청결과 소독의 원칙

식중독 예방에 가장 중요한 요소인 '청결과 소독'은 표면적인 깨끗함이 아닌 '재료와 조리 장소', '조리 기구', '조리원의 청결'에 이르는 광범위한 청결과 소독을 의미한다.

2) 신속의 원칙

식품을 보관하고 가공함에 있어 청결에 주의를 기울이더라도 식품을 무균 상태로 만든다는 것은 불가능하기 때문에, 식품에 있는 균들의 증식이 일어나기 전에 전 과정이 신속하게 이루어져야 한다.

3) 냉각 또는 가열의 원칙

세균은 종류에 따라 증식을 위한 최적의 온도가 서로 다르지만 식중독을 일으킬 수 있는 '식중독균'과 '부패균'은 사람의 체온(36~37℃)에서 증식이 활발하게 일어나며, '5℃에서 60℃'에 이르는 광범위한 온도에서 증식할 수 있으므로 식자재를 보관할 때에는 이 범위를 벗어나는 온도에서 보관하도록 한다.

CHAPTER 03

UNIT 02

고객 서비스

2.1 고객의 정의

고객은 단순히 매장에 찾아오는 손님만이 아닌 '나'와 관련된 모든 사람이라 볼 수 있다. 고객은 '내부 고객'과 '외부 고객'으로 분류할 수 있는데, 내부 고객은 매장 내의 모든 종사자를 말하며 외부 고객은 매장 주변의 모든 사람들이라 볼 수 있다.

매장은 외부 고객의 만족에만 중점을 두기보다 내부 고객인 종사자들의 일의 만족도를 높여 외부 고객이 양질의 서비스를 제공받는 선순환이 이루어지도록 노력해야 한다.

2.2 서비스 종사자의 용모

---

❶ 머리는 단정히 정돈하고 머리가 긴 경우 묶어 준다.

❷ 너무 진한 화장이나 매니큐어(투명 제외)를 하지 않는다.

❸ 팔찌, 반지, 귀걸이 등 과도한 액세서리 착용을 지양한다.

❹ 상의와 하의가 너무 짧지 않고 단정한 옷을 착용한다.

❺ 신발은 구두를 착용하며 항상 깨끗이 유지한다.

2.3   서비스 종사자의 기본 자세

❶ 용모는 항상 단정한 상태를 유지한다.

❷ 신속하고 정확한 서비스를 제공하려 노력한다.

❸ 적극적이고 긍정적으로 일에 임한다.

❹ 밝은 표정과 미소로 고객을 응대한다.

❺ 듣기 편안하지만 또렷한 목소리로 고객과 대화한다.

2.4   서비스 종사자의 서빙 방법

❶ 서빙은 쟁반을 이용하며 고객의 오른편에서 서빙한다.

❷ 2인 이상의 고객에게 서빙해야 할 경우 여성, 연장자, 남성 순으로 제공한다.

❸ 음료 잔의 손잡이와 스푼이 고객의 오른쪽에 위치하도록 서빙한다.

❹ 음료를 서빙할 때 음료 잔의 입이 닿는 부분에 손이 닿지 않도록 주의한다.

매장 관리

3.1 *매장의 영업 관리*

1. 매장 영업 오픈 준비하기

1) 매장 외부

❶ 오픈 전 매장 주변의 청소를 통하여 청결을 유지한다.

❷ 매장 내·외부의 유리창의 청소를 통해 깨끗한 상태를 유지한다.

❸ 매장 외부에 배치할 입간판 등을 보행자의 통행에 방해가 되지 않는 위치에 배치한다.

2) 매장 내부

❶ 바닥과 테이블, 화장실 등 매장 내부의 전반적인 청소를 하고, 영업 시간 동안에는 항상 청결을 유지한다.

❷ 매장 내부 공간에서 이취 혹은 악취가 나지 않는지 점검하고, 만약 느껴진다면 탈취제 등을 사용하여 제거한다.

❸ 매장 분위기와 적합한 음악을 선곡한다.

❹ 매장 내·외부에서 들리는 음악이 너무 작거나 크지 않은지 점검한다.

❺ 항상 지정된 오픈 시간을 엄수한다.

3) 작업 공간

❶ 포스기의 정상 작동 여부와 시재와 잔돈을 확인한다.

❷ 구비된 식자재의 보관 방법이 올바른지 확인한다.

❸ 구비된 식자재의 유통 기한을 확인한다.

❹ 당일 사용할 식자재와 소모품이 부족하지 않은지 확인한다.

❺ 매장에 사용할 물품 발주는 주말과 공휴일 등의 상황을 고려하여 발주한다.

❻ 작업 공간 내부는 항상 청결을 유지하고 바닥에 물기가 없는 상태를 유지한다.

2. 매장 영업 마감 준비하기

1) 매장 외부

❶ 마감 전 매장 주변의 청소를 통하여 청결을 유지한다.

❷ 매장 내·외부의 유리창의 청소를 통하여 깨끗한 상태를 유지한다.

❸ 영업시간 동안 배치해 둔 입간판 등을 매장 내부에 들인다.

2) 매장 내부

❶ 바닥과 테이블, 화장실 등 매장 내부의 전반적인 청소를 진행한다.

❷ 매장 내부의 악취 혹은 이취를 확인하고 청소를 진행하는 동시에 환기를 해준다.

❸ 영업시간에 틀어 둔 음악을 끄고 불필요한 조명을 소등한다.

❹ 항상 지정된 마감 시간을 엄수한다.

3) 작업 공간

❶ 포스기에서 기록된 현금 매출과 시재가 맞는지 확인한다.

❷ 다음 영업에 사용할 예비 시재금을 포스기에 준비한다.

❸ 다음 근무자가 알아야 할 변경 사항 등이 있다면 근무 일지에 기록한다.

❹ 당일 영업에서 사용한 식자재와 소모품의 수량을 점검한다.

❺ 다음날 발주가 필요한 식자재와 소모품이 있는지 점검한다.

❻ 영업 중 사용한 기물과 기계의 전반적인 청소를 진행한다.

3.2   매장의 안전 관리

1. 전기 안전 관리

❶ 전기 제품 주위의 물기 없이 건조한 상태로 유지한다.

❷ 전기 제품의 피복 상태를 점검하여 합선 등의 사고를 방지한다.

❸ 허용된 정격 전압에 맞는 전기 제품을 사용한다.

❹ 전기 제품을 콘센트에서 분리할 때는 플러그를 잡고 분리한다.

❺ 사용이 끝난 전기 제품은 스위치를 끄고 장기간 사용하지 않을 시 콘센트에서 분리한다.

2. 소방 안전 관리

❶ 오너는 매장에 적합한 소방 도구를 구비한다.

❷ 종업원은 구비된 소방 도구의 사용 방법을 숙지한다.

❸ 종업원은 비상구와 소방 도구의 위치를 숙지한다.

❹ 비상구 근처에 물건을 적재하거나 비상문을 임의로 폐쇄하지 않는다.

─────────────── 연습 문제 ☕ ───────────────

01. 위해 요소 분석(Hazard Analysis)과 중요 관리점(Critical Control Point)의 영문 약자로서 '식품 안전 관리 인증 기준'이라고도 불리는 이것은 무엇인가?

(   )

02. HACCP의 7원칙 중 HACCP 시스템이 유효하게 운영되고 있는지 확인할 수 있는 방법을 수립하는 단계는 무엇인가?

(   )

03. HACCP의 7원칙 중 원재료와 제조 공정에서 발생할 수 있는 잠재적인 위해 요소를 도출하고 분석하는 단계는 무엇인가?

(   )

04. 식중독 예방 3대 원칙 중 표면적 깨끗함이 아닌 재료, 조리 장소, 조리 기구, 조리원의 청결에 이르는 전 과정의 위생을 의미하는 원칙은 무엇인가?

(   )

05. HACCP의 7원칙 중 확인된 위해 요소를 제어할 수 있는 공정을 결정하는 단계는 무엇인가?

(   )

06. 인류가 오염된 물이나 음식물을 섭취함에 따라 나타날 수 있는 기능적인 장애 등이 주된 특징으로 나타나는 이 질병은 무엇인가?

(   )

07. 고객은 '나'와 관련된 모든 사람이라 볼 수 있는데, 그 중 매장 주변의 모든 사람을 뜻하는 고객의 유형은 무엇인가?

(   )

08. 매장 영업 오픈 준비와 관련하여 올바르지 못한 것은 무엇인가?

① 매장의 분위기와 적합한 음악을 선곡한다.

② 항상 작업 공간의 청결을 유지하고 위생 상태를 점검한다.

③ 매장 내부뿐 아니라 외부의 청결도 유지해야 한다.

④ 오픈 시간은 오너의 사정에 따라 유동적으로 변경 가능하다.

09. 매장 내의 전기 안전 관리를 위해 필요한 항목 중 올바르지 못한 것은 무엇인가?

① 전기 제품의 피복 상태를 점검하여 합선 사고를 방지한다.

② 전기 제품은 서늘하고 습기가 있는 곳에서 보관한다.

③ 허용된 정격 전압에 맞는 전기 제품을 사용한다.

④ 전기 제품을 콘센트에서 분리할 때는 플러그를 잡고 분리한다.

10. 매장 내의 소방 안전 관리를 위해 필요한 내용 중 올바르지 못한 것은 무엇인가?

① 오너는 매장에 적합한 소방 도구를 구비한다.

② 종업원은 구비된 소방 도구의 사용 방법을 숙지한다.

③ 비상문을 임의로 폐쇄한다.

④ 종업원은 비상구와 소방도구의 위치를 숙지한다.

▶▶ 연습 문제 해답 ◀◀

01 HACCP   02 검증 절차 및 방법 수립   03 위해 요소 분석   04 청결과 소독의 원칙

05 중요 관리점 결정   06 식중독   07 외부 고객   08 ④   09 ②   10 ③

CHAPTER 04 | # 모의고사

바리스타 자격 1급 필기 모의고사 [1회]

the 1st Level Barista Certificate [1]

---

01. 다음 설명 중 잘못된 것을 고르시오.

① 커피는 처음 음료가 아닌 각성제나 흥분제, 진정제로 쓰였다.

② 1900년경 이슬람 승려 바바 부단(Baba Budan)이 커피 씨앗을 훔쳐 인도 마이소어(Mysore) 지역에 재배하였다.

③ 네덜란드 피터 반 덴 브루케(Pieter van den Broecke)가 실론과 자바에 커피를 경작하였다.

④ 모카(Mocha) 항을 중심으로 커피 수출이 본격화되었다.

02. 다음 로부스타에 대한 설명으로 틀린 것을 고르시오.

① 로부스타의 주요 생산국은 베트남, 인도, 브라질, 인도네시아 등이다.

② 로부스타는 해방 700m 이하에서 재배된다.

③ 로부스타는 타가 수분으로 적정 강수량은 2000~3000mm이다.

④ 로부스타의 카페인 함량은 평균 1.4%이다.

03. 생두 단면의 가운데 홈을 무엇이라 하는가?

(   )

04. 다음 중 빈 칸에 들어갈 알맞은 내용을 적으시오.

	기간
뉴 크롭(New Crop)	( )년 이내
패스트 크롭(Past Crop)	( ) ~ ( )년
올드 크롭(Old Crop)	( )년 이상

(/   /   )

05. 다음 설명 중 옳지 않은 것을 고르시오.

① 유럽 최초의 커피 하우스는 1645년 이탈리아에서 생겨났다.

② 파리 최초의 커피 하우스는 1686년 프로코피오 콜텔리에 의해 생겨났다.

③ 영국에서 1688년에 생겨난 커피 하우스는 세계적인 로이드 보험 회사로 발전하는 계기가 되었다.

④ 미국은 1792년 뉴욕에서 최초의 커피 하우스 파스콸 로제가 문을 열었다.

06. 독일 여성이 지은 우리나라 최초의 커피 하우스로 맞는 것을 고르시오.

① 호반 호텔   ② 구탁 호텔   ③ 호판 호텔   ④ 손탁 호텔

07. 더블 에스프레소(Double Espresso)를 뜻하며, 또 다른 표현으로 더블 샷(Double Shot) 혹은 투 샷(Two Shot)이라고도 불리는 음료의 명칭은 무엇인가?

(   )

08. 다음 중 용어와 설명이 알맞게 연결된 것을 고르시오.

① 도징(Dosing) – 포터 필터와 탬퍼의 수평을 맞춘 후 커피를 다져 주는 작업

② 탬핑(Tamping) – 포터 필터와 탬퍼의 수평을 맞춘 후 커피를 다져 주는 작업

③ 레벨링(Levelling) – 필터 홀더에 분쇄된 커피 가루를 담는 작업

④ 테핑(Teping) – 필터 홀더에 분쇄된 커피 가루를 담는 작업

09. 이탈리아의 에스프레소 추출 기준으로 잘못된 것을 고르시오.

① 추출량 25~30ml   ② 추출 시간 20~30초

③ 추출 압력 9~10bar   ④ 물 온도 90~95℃

10. 우유를 높은 압력의 수증기로 우유를 데우거나 거품을 만드는 작업을 무엇이라 하는가?

(   )

11. 우유의 단백질 성분 중 수용성 단백질에 대한 설명으로 잘못된 것을 고르시오.

① 유청 단백질은 수용성 단백질로 구성되어 있다.

② 단백질 성분 중 카세인은 불용성 단백질이다.

③ 유청 단백질은 베타-락토글로불린, 락토알부민, 포도당으로 구성되어 있다.

④ 단백질 중 불용성 단백질은 80%, 수용성 단백질은 20%로 이루어져 있다.

12. 뾰족한 도구를 사용하여 그림을 그리는 방식으로 맞는 것을 고르시오.

① 라떼 아트   ② 에칭 아트   ③ 프리 푸어링   ④ 핸들링

13. 라떼 아트에 사용하는 도구의 하나로, 표면 위에 올라간 밀크 폼이나 식용 색소를 사용하여 그림을 그리는 뾰족한 도구를 지칭하는 것은 무엇인가?

(   )

14. 다음 중 1901년 에스프레소 머신의 특허를 취득하여 최초의 상업용 에스프레소 머신을 선보인 사람은 누구인가?

① 루이지 베제라 (Luigi Bezzera)

② 산타이스 (Edourard Loysel de Santais)

③ 아킬레 가지아(Achille Gaggia)

④ 데지데리오 파보니(Desiderio Pavoni)

15. 에스프레소 머신의 부품 중 1~2Bar의 인입된 물을 에스프레소 추출에 적합한 7~9Bar에 이르는 고압의 물로 만들어 주는 부품은 무엇인가?

(   )

16. 보일링 방식에 따른 에스프레소 머신의 종류 중 스팀, 온수에 사용하는 보일러와 추출에 사용하는 보일러를 분리함으로써 총 2개의 보일러를 사용하여 직접 가열 방식을 사용하는 머신은 무엇인가?

① 단일형 보일러 머신

② 분리형 보일러 머신

③ 개별형 보일러 머신

④ 혼합형 보일러 머신

17. 보일러에 따른 에스프레소 머신의 종류 중 스팀, 온수에 사용하는 보일러와 각 그룹 헤드에 보일러가 모두 장착되어 있으면서 스팀, 온수 보일러에서 1차 가열한 물을 각 그룹 헤드의 보일러에 보내 주어 2차 가열하는 방식으로 직접 가열과 간접 가열 방식을 함께 사용하는 머신은 무엇인가?

(   )

18. 날의 종류에 따른 그라인더의 종류 중 평평한 2개의 날 중 상부의 날이 회전하면서 커피를 분쇄하는 그라인더는 무엇인가?

① 칼날형 그라인더 (Blade)

② 코니컬형 그라인더 (Conical Burr)

③ 플랫형 그라인더 (Flat Burr)

④ 롤형 그라인더 (Roll)

19. 그라인더 구성 중 분쇄된 원두를 일시적으로 보관하는 통의 명칭은 무엇인가?

(   )

20. 커피를 평가하는 항목 중 분쇄된 커피의 향을 평가하는 항목을 지칭하는 것은 무엇인가?

① Dry Aroma　　　② Body　　　③ Aftertaste　　　④ Flavor

21. 생산자와 소비자가 좋은 생두를 선별하기 위해 기준에 맞게 준비된 원두의 향미를 평가하는 행위를 무엇이라 하는가?

(   )

22. 커피를 평가하는 항목 중 커피에서 느껴지는 신맛의 품질과 강도를 평가하는 항목은 무엇인가?

(   )

23. 다음 중 커핑을 진행할 때의 주의 사항으로 올바르지 않은 것은 무엇인가?

① 커핑 스푼을 과도하게 깊게 넣어 뜨지 않는다.

② 커피는 뜨거운 상태일 때에만 향미를 체크한다.

③ 한 번 사용한 스푼은 세척 후 사용한다.

④ 향이 강한 화장품이나 향수의 사용을 지양한다.

24. 위해 요소 분석(Hazard Analysis)과 중요 관리점(Critical Control Point)의 영문 약자로서 '식품안전 관리인증 기준'이라고도 불리는 이것은 무엇인가?

(   )

25. 다음 중 HACCP의 7원칙 중 HACCP 시스템이 유효하게 운영되고 있는지 확인할 수 있는 방법을 수립하는 과정을 지칭하는 것은 무엇인가?

① 위해 요소 분석

② 중요 관리점 결정

③ 문서화 및 기록 유지

④ 검증 절차 및 방법 수립

26. 식중독 예방의 3대 원칙 중 아무리 청결한 상태이더라도 식품을 무균 상태로 만든다는 것은 불가능하기 때문에 생산에서 소비에 이르는 전 과정이 빠르게 이루어져야 함을 의미하는 원칙은 무엇인가?

(   )

27. 다음 중 올바른 서비스 종사자의 용모로 옳지 않은 것은?

① 머리는 단정히 정돈하고 머리가 긴 경우 묶어준다.

② 상의와 하의는 짧고 몸에 달라붙는 옷을 착용한다.

③ 너무 진한 화장이나 매니큐어(투명 제외)를 하지 않는다.

③ 팔찌, 반지, 귀걸이 등 과도한 액세서리 착용을 지양한다.

28. 고객은 '나'와 관련된 모든 사람이라 볼 수 있는데 그 중 매장 주변의 모든 사람을 뜻하는 고객의 유형은 무엇인가?

(   )

29. 매장 내의 소방 안전 관리를 위해 필요한 항목 중 올바르지 못한 것은 무엇인가?

① 소방 도구는 미관상 보기 좋지 않으므로 창고에 보관한다.

② 종업원은 비상구와 피난 계단 등의 위치를 숙지한다.

③ 종업원은 구비된 소방 도구의 사용 방법을 숙지한다.

④ 오너는 매장에 적합한 소방 도구를 구비한다.

30. 매장 내의 전기 안전 관리를 위해 필요한 항목 중 올바르지 못한 것은 무엇인가?

① 전기 제품의 피복 상태를 점검하여 합선 사고를 방지한다.

② 전기 제품은 습기 없는 건조한 곳에서 보관한다.

③ 허용된 정격 전압에 맞는 전기 제품을 사용한다.

④ 전기 제품을 콘센트에서 분리 할 때는 전선을 잡고 분리한다.

바리스타 자격 1급 필기 모의고사 [2회]

the 1st Level Barista Certificate [2]

01. 다음 중 로부스타에 대한 설명으로 잘못된 것을 고르시오.

  ① 로부스타는 700m 이하의 저지대에서 자란다.

  ② 로부스타는 자가 수분으로 이루어진다.

  ③ 로부스타의 카페인 함량은 평균 2.2%이다.

  ④ 로부스타는 전 세계 생산량의 30-40%를 차지한다.

02. 생산성에 취약하며 아라비카 원종에 가장 가까운 품종으로 맞는 것은 무엇인가?

  ① Mundo novo   ② Caturra

  ③ Typica   ④ Catimor

03. 다음 아라비카와 로부스타의 전세계 생산량으로 맞는 것을 고르시오.

  ① 아라비카 30~40%, 로부스타 60~70%

  ② 아라비카 40~60%, 로부스타 30~40%

  ③ 아라비카 60~70%, 로부스타 30~40%

  ④ 아라비카 20~50%, 로부스타 50~80%

04. 커피의 품종 중 일반적으로 인스턴트 커피로 재배되는 것은 무엇인가?

  (   )

05. 나무 사이를 지나가며 나무에 진동을 주어 한 번에 수확하는 방식으로 대량 생산에 효과적인 방법은 무엇인가?

  (   )

06. 다음 중 품종과 설명이 맞게 연결된 것을 고르시오.

① Typica - 부르봉 섬에서 발견된 돌연변이종

② Catimor - HDT(Hibrido de Timor)와 카투라의 인공 교배종

③ Maragogype - 버번의 돌연변이종

④ Caturra - 문도노보와 카투라의 인공 교배종

07. 갈색의 천연 커피 크림으로 불리며, 오일이 증기에 노출되어 표면 위로 떠오른 것으로 커피 향을 담고 있는 성분을 무엇이라 하는가?

① 크레마　　　② 크리머　　　③ 크리미　　　④ 크리마

08. 다음 중 에스프레소의 추출 순서로 알맞은 것을 고르시오.

① 포터 필터 건조 청결 → 물 흘리기 → 도징 → 레벨링 → 탬핑 → 추출

② 포터 필터 건조 청결 → 물 흘리기 → 레벨링 → 도징 → 탬핑 → 추출

③ 포터 필터 건조 청결 → 물 흘리기 → 탬핑 → 레벨링 → 도징 → 추출

④ 포터 필터 건조 청결 → 물 흘리기 → 도징 → 레벨링 → 테핑 → 추출

09. 다음 중 과소 추출의 특징으로 틀린 것을 고르시오.

① 너무 적은 분쇄 커피　　　② 너무 짧은 추출 시간

③ 너무 많은 분쇄 커피　　　④ 너무 굵은 분쇄 입자

10. 다음 예시 중 잘못된 우유 스티밍 방법을 고르시오.

① 행주로 스팀 노즐 팁을 감싼 후 기계 안쪽으로 스팀 밸브를 열어 수증기를 분사한다.

② 스팀 노즐 팁 연결선까지 우유에 담근 후 스팀 밸브를 열어 준다.

③ 스팀 피처를 최대한 빨리 내려 공기 주입을 하며 우유 거품을 최대한 많이 만들어 준다.

④ 원하는 높이의 거품이 만들어지면 온도가 올라갈 때까지 한 자리에서 우유를 혼합(롤링, Rolling)해 준다.

11. 바리스타가 커피와 스팀 밀크를 사용하여 커피 표면 위에 패턴을 표현함으로써 음료에 시각적 재미를 더하는 행위를 무엇이라 하는가?

(   )

12. 다음 설명 중 옳지 않은 것을 고르시오

   ① 라떼 아트는 커피와 스팀 밀크를 사용하여 다양한 표현을 하는 행위이다.

   ② 라떼 아트는 시각적인 재미와 감동 또한 제공할 수 있다.

   ③ 라떼 아트는 거품의 입자가 크고 우유와 거품이 층을 이루는게 좋다.

   ④ 라떼 아트의 적합한 온도는 50~65℃이다.

13. 1885년 파리 만국 박람회에서 기존의 중력만을 이용한 추출 방식이 아닌, 증기압을 이용한 '에스프레소 머신'을 처음으로 선보인 사람은 누구인가?

(   )

14. 에스프레소 머신의 종류 중 머신 내부에 그라인더가 장착되어 있어 그라인딩에서 도징, 추출에 이르는 전 과정을 버튼 하나로 해결할 수 있는 머신은 무엇인가?

(   )

15. 다음 에스프레소 머신의 부품들 중 머신 내부에서의 물 흐름을 통제하는 대표적인 부품은 무엇인가?

   ① 솔레노이드 밸브 (Solenoid Valve)

   ② 펌프 모터 (Pump Motor)

   ③ 수위 조절기 (Water Level Probe)

   ④ 가스켓 (Gasket)

16. 보일러에 따른 에스프레소 머신의 종류 중 스팀, 온수, 추출를 하나의 보일러에서 사용하며 간접 가열 방식을 사용하는 머신은 무엇인가?

(   )

17. 에스프레소 머신의 부품 중 보일러와 물이 지나가는 관들에 생기는 스케일의 발생을 억제하고 에스프레소 추출에 적합한 수질을 만들어 주는 부품은 무엇인가?

(   )

18. 날의 종류에 따른 그라인더의 종류 중 입체적인 두개의 날을 사용하며 분쇄 속도가 상대적으로 느리지만 발열이 적은 장점을 가진 그라인더는 무엇인가?

① 칼날형 그라인더 (Blade)

② 코니컬형 그라인더 (Conical Burr)

③ 플랫형 그라인더 (Flat Burr)

④ 롤형 그라인더 (Roll)

19. 그라인더 구성 중 분쇄되지 않은 원두를 담아 두는 통을 지칭하는 것은 무엇인가?

(   )

20. 다음 중 SCA에서 권장하는 커핑을 진행할 때 사용하는 원두와 물의 양은 각각 얼마인가?

① 7.25g 100ml   ② 8.25g 150ml   ③ 8.25g 200ml   ④ 9.25g 150ml

21. 커피 농장 등에서 전문적인 커핑을 통해 농장에서 생산된 생두의 퀄리티를 평가하는 사람을 지칭하는 명칭은 무엇인가?

(   )

22. 커피를 평가하는 항목 중 커피의 지방 함량에 따라 달라질 수 있는 촉감과 무게감을 평가하는 항목은 무엇인가?

(   )

23. 커핑을 진행하는 과정에서 Break를 마친 후 남아있는 표면의 커피층을 걷어내는 행위를 무엇이라 하는가?

(   )

24. 다음 중 HACCP의 7원칙 중 원·부재료 및 제조 공정 중 발생 가능한 잠재적인 위험 요소를 도출하는 과정을 지칭하는 것은 무엇인가?

① 위해 요소 분석

② 중요 관리점 결정

③ 문서화 및 기록 유지

④ 검증 절차 및 방법 수립

25. HACCP의 7원칙 중 확인된 위해 요소를 제어할 수 있는 공정(단계) 결정 하는 과정을 지칭하는 것은 무엇인가?

(   )

26. 다음 식중독의 분류 중 독소형에 포함되지 않는 균 또는 바이러스는 무엇인가?

① 살모넬라   ② 포도상구균

③ 보툴리눔   ④ 바실러스 세레우스

27. 다음 중 올바른 서비스 종사자의 서빙 방법으로 옳지 않은 것은?

① 서빙은 쟁반을 이용하며 고객의 오른편에서 서빙한다.

② 음료를 서빙할 때 음료 잔의 입이 닿는 부분에 손이 닿지 않도록 한다.

③ 음료 잔의 손잡이와 스푼이 고객의 오른쪽에 위치하도록 서빙한다.

④ 2인 이상의 고객에게 서빙해야 할 경우 남성, 연장자, 여성 순으로 제공한다.

28. 매장 내의 소방 안전 관리를 위해 필요한 항목 중 올바르지 못한 것은 무엇인가?

① 종업원은 비상구와 피난 계단 등의 위치를 숙지한다.

② 오너는 매장에 적합한 소방 도구를 구비한다.

③ 비상구 근처에 다양한 물건을 적재한다.

④ 종업원은 구비된 소방 도구의 사용 방법을 숙지한다.

29. 식중독 예방 3대 원칙 중 세균이 식자재에 증식하는 것을 막기 위해 증식에 적합하지 않은 온도에서 식자재를 보관해야 한다는 원칙은 무엇인가?

(   )

30. 다음 중 매장 영업 오픈을 준비하기 위한 항목 중 알맞지 못한 것은?

① 당일 사용할 식자재와 소모품이 부족하지 않은지 확인한다.

② 매장 내・외부의 유리창의 청소를 통해 깨끗한 상태를 유지한다.

③ 매장 분위기와 관계없이 오너의 취향에 맞는 노래를 선곡한다.

④ 항상 지정된 오픈 시간을 엄수한다.

바리스타 자격 1급 필기 모의고사 [3회]

the 1st Level Barista Certificate   [3]

---

01. 다음 설명 중 틀린 것을 고르시오.

① 커피 나무는 꼭두서닛과(Rubiaceae)의 코페아(Coffea)속(屬) 다년생 쌍떡잎 식물로 열대성 상록 교목이다.

② 잎은 둥근 타원형으로 길쭉한 형태를 띠며, 색은 짙은 청록색으로 광택이 나고 잎 끝이 뾰족하다.

③ 열매는 빨간색으로 둥근 형태이며 길이는 2-3mm로 체리와 생김새가 비슷하다

④ 꽃잎은 흰색으로 재스민 향이 나고 품종에 따라 아라비카 7장, 로부스타 10장으로 나뉜다

02. 다음 설명 중 틀린 것을 고르시오.

① 나무에 진동을 주어 한번에 수확하는 방식을 스트리핑(Stripping)이라고 한다.

② 기계 수확은 대량 생산에 효과적이나 덜 익은 체리나 나뭇가지 등이 같이 떨어지는 단점이 있다.

③ 잘 익은 열매만을 수확하는 방식을 핸드 피킹(Hand Picking)이라고 한다.

④ 핸드 피킹은 많은 노동력과 인건비 부담의 단점이 있다.

03. 적도를 중심으로 남위 25°에서 북위 25° 사이 지역의 명칭을 무엇이라 하는가?

(   )

04. 다음 중 생두의 분류에 대한 설명으로 잘못된 것을 고르시오.

① 생두의 분류로는 SCA에 의한 분류와 국가별로 정해진 기준에 따라 분류된다.

② 국가별 기준으로는 크게 결점두에 의한 분류, 생산고도에 의한 분류, 스크린 사이즈(크기)에 의한 분류로 나뉜다.

③ 결점두에 의한 분류로 대표적인 나라는 콜롬비아, 콩고로 샘플 500g 생두에 섞여 있는 결점두 수를 가지고 점수로 환산하여 분류한다.

④ SCA는 스페셜티 그레이드와 프리미엄 그레이드로 분류하여 구분한다.

05. 커피 체리 안에 두 개의 생두가 아닌 하나의 생두만 있는 경우 이를 무엇이라 하는가?

(   )

06. 20세기 초반 이탈리아에서 유래된 커피로 미세하게 분쇄된 커피 입자에 고압, 고온의 물을 가해 빠르게 추출하는 방식의 커피를 무엇이라 하는가?

(   )

07. 다음 설명으로 틀린 것을 고르시오.

① 에스프레소는 추출이 진행될수록 옅은 색을 띤다

② 에스프레소는 추출이 진행될수록 짙은 색을 띤다

③ 에스프레소는 추출이 진행될수록 쓴맛이 추출된다.

④ 에스프레소는 추출이 진행될수록 신맛이 줄어든다.

08. 라떼 아트를 하기 좋은 스팀 밀크의 조건으로 올바르지 못한 것은 무엇인가?

① 곱고 작은 입자의 거품

② 단단하고 굵은 입자의 거품

③ 음용하기 적당한 온도(60~65℃)

④ 우유와 거품이 잘 혼합된 상태

09. 라떼 아트의 기법 중 하나로 뾰족한 도구 등을 사용하여 밀크 폼과 식용 색소와 같은 재료를 사용하여 도화지 위에 그림을 그리듯 패턴을 표현하는 기법은 무엇인가?

(   )

10. 라떼 아트의 기법 중의 하나로 별도의 도구를 사용하지 않고 바리스타가 잔과 피처의 높낮이와 기울기만으로 패턴을 표현하는 기법은 무엇인가?

(   )

11. 에스프레소 추출 시 커피를 다져 주는 '탬핑(Tamping)'을 위한 도구를 무엇이라 하는가?

(   )

12. 1947년 기존의 증기압 방식의 추출에서 벗어나 스프링을 사용한 최초의 피스톤 가압 방식의 에스프레소 머신을 발명한 사람은 누구인가?

(   )

13. 에스프레소 머신의 부품 중 물의 흐름을 감지하고 물의 양을 조절해 주는 부품은 무엇인가?

① 샤워 스크린 (Shower Screen)   ② 플로우 미터 (Flow Meter)

③ 가스켓 (Gasket)   ④ 진공 방지기 (Vacuum Breaker)

14. 에스프레소 머신의 부품 중 필터 홀더와 그룹 홀더의 결합력을 높여 고온의 물과 압력이 빠져나가지 않도록 해주는 부품은 무엇인가?

(   )

15. 에스프레소 머신의 종류 중 피스톤을 사용하며 바리스타의 힘으로 직접 가압하여 추출을 하는 방식의 머신은 무엇인가?

(   )

16. 보일러에 따른 에스프레소 머신의 종류 중 스팀, 온수에 사용하는 보일러와 각 그룹 헤드마다 추출에 사용하는 보일러가 장착되어 있으며 직접 가열 방식만을 사용하는 머신은 무엇인가?

① 단일형 보일러 머신   ② 분리형 보일러 머신

③ 개별형 보일러 머신   ④ 혼합형 보일러 머신

17. 에스프레소 머신의 부품 중 스팀 압력이 1.8~2Bar에 이르는 고압 상태가 되면 자동으로 스팀을 분출시켜 고압으로 인한 사고를 미연에 방지시켜 주는 부품은 무엇인가?

(   )

18. 다음 중 피스톤을 이용하지 않으며 머신 내부에 플로우 미터가 장착되어 있지 않아 바리스타가 [On/Off] 버튼을 통해 추출을 조절해야 하는 머신은 무엇인가?

① 수동형 에스프레소 머신   ② 반자동형 에스프레소 머신

③ 자동형 에스프레소 머신   ④ 전자동형 에스프레소 머신

19. 날의 종류에 따른 그라인더의 종류 중 평평한 두개의 날을 사용하며 균일한 커피 입자로 분쇄가 가능하지만 빠른 분쇄 속도로 인해 높은 발열이 발생하는 그라인더는 무엇인가?

(   )

20. 플랫형 그라인더의 상부와 하부 날 중 분쇄 조절 디스크에 의해 높이가 변경되는 날은 무엇인가?

(   )

21. 날의 종류에 따른 그라인더의 종류 중 입체적인 두개의 날을 사용해 원추형의 날이 회전하면서 커피를 분쇄하는 그라인더는 무엇인가?

(   )

22. 커피를 평가하는 항목 중 커피를 삼킨 후 입과 코에서 느껴지는 커피의 향미를 평가하는 항목은 무엇인가?

① Body   ② Aftertaste   ③ Wet Aroma   ④ Flavor

23. 커피를 평가하는 항목 중 커피에서 느껴지는 전체적인 향미의 균일성을 평가하는 항목은 무엇인가?

(   )

24. 커핑을 진행하는 과정에서 표면에 떠오른 커피 층을 스푼을 이용해 깨면서 올라오는 향을 평가하는 전 과정을 무엇이라 하는가?

   (   )

25. 다음 중 HACCP의 7원칙 중 확인된 위해 요소를 제어할 수 있는 공정(단계)을 결정하는 과정을 지칭하는 것은 무엇인가?

   ① 위해 요소 분석

   ② 중요 관리점 결정

   ③ 문서화 및 기록 유지

   ④ 검증 절차 및 방법 수립

26. HACCP의 7원칙 중 중요 관리점의 한계 기준을 벗어나지 않는지 확인할 수 있는 절차 및 주기를 설정하는 과정을 지칭하는 것은 무엇인가?

   (   )

27. 다음 중 매장 영업 오픈을 준비하기 위한 항목 중 알맞지 못한 것은?

   ① 오픈 전 매장 주변의 청소를 통하여 청결을 유지한다.

   ② 매장 내 · 외부 유리창의 청소를 통해 깨끗한 상태를 유지한다.

   ③ 매장 분위기와 적합한 음악을 선곡한다.

   ④ 매장 내 · 외부에서 들리는 음악의 음량은 최대로 한다.

28. 오염된 물과 음식물로 인하여 구토, 설사, 복통 등 소화기계, 신경계 등의 전신 증세를 나타내는 질병은 무엇인가?

   (   )

29. 다음 중 매장 영업 마감을 준비하기 위한 항목 중 알맞지 못한 것은?

   ① 바닥과 테이블, 화장실 등 매장 내부의 전반적인 청소를 진행한다.

② 영업시간에 틀어둔 음악을 끄고 불필요한 조명을 소등한다.

③ 매장 내부의 악취 혹은 이취를 확인하고 청소를 진행하는 동시에 환기를 해준다.

④ 매장의 바닥은 항상 어느 정도 물기가 남아있는 상태를 유지한다.

30. 국내 식품 위생법에 HACCP 제도를 처음 도입한 연도는 언제인가?

(   )

바리스타 자격 마스터 필기 모의고사 [1회]

the Master Level Barista Certificate   [1]

---

01. 다음 중 가공 방법에 대한 설명으로 잘못된 것을 고르시오.

① 가공 방법은 크게 2가지로 건식법(Natural, Dry Process)과 습식법(Washed Process)이 있다.

② 건식법은 체리 껍질을 벗기지 않고 그대로 건조시키는 방식으로 인도네시아가 대표적이다.

③ 건식법은 이물질 제거 – 분리 – 건조 등 세 과정으로 이루어진다.

④ 습식법은 분리 – 펄핑 – 점액질 제거 – 세척 – 건조 순으로 이루어진다.

02. SCA 기준에 의한 분류로서 퀘이커는 허용되지 않으며 풀 디펙트가 5개 이내, 커핑 점수 80점 이상인 등급의 명칭은 무엇인가?

(   )

03. 다음 설명 중 잘못된 것을 고르시오.

① 1615년 베니스의 무역상으로부터 유럽에 최초로 커피가 소개되었다.

② 클레멘트 8세 교황이 커피에 세례를 주어 널리 알려지게 되었다.

③ 1714년 해군 장교 끌리외(Gabriel Mathieu de Clieu)가 네덜란드인으로부터 커피 나무를 선물받아 파리 식물원에 재배하게 되었다.

④ 1645년 유럽 최초의 커피 하우스가 이탈리아에 생겨났다.

04. 다음 설명 중 빈 칸에 들어갈 알맞은 내용을 적으시오.

생두의 크기에 따라 스크린 사이즈로 분류하는 대표적인 나라는 콜롬비아, 케냐, 탄자니아로서, 등급 명칭은 콜롬비아가 (   ), 케냐와 탄자니아는 (   )를 사용한다.

(   )

05. 다음 중 건조 방법에 대한 설명으로 옳지 않은 것을 고르시오.

① 햇볕 건조는 콘크리트나 아스팔트에 체리를 펼쳐 놓은 후 갈퀴로 뒤집어 골고루 말려 주는 방식이다.

② 탈곡은 은피를 제거하여 생두에 광택을 나게 하는 폴리싱(Polishing) 방법만 사용한다.

③ 기계 건조에서 파치먼트는 40도, 체리는 45도의 온도로 건조시킨다.

④ 일반적인 햇볕 건조 시 12~21일 정도의 시간이 소요되며, 그물망 건조 방식의 경우 5~10일 정도로 시간이 단축되지만 노동력을 많이 필요로 한다.

06. 너무 많은 분쇄 커피양과 가는 분쇄 입자로 커피의 성분이 많이 나온 것을 무엇이라 하는가?

(   )

07. 에스프레소 위에 휘핑 크림을 올린 메뉴를 무엇이라 하는가?

① 마키아토   ② 아메리카노   ③ 비엔나   ④ 콘파나

08. 다음 중 우유가 들어가지 않는 메뉴로 알맞은 것을 고르시오.

① 카페 라떼   ② 카푸치노

③ 아인슈페너   ④ 에스프레소 마키아토

09. 우유의 단백질의 성분 중 카세인의 효능으로 맞는 것을 2가지 고르시오.

① 우유의 흰색을 띠게 하는 성분이다

② 우유의 모든 단맛을 내는 성분이다.

③ 우유거품 제조 시 거품의 안정화 역할을 하는 성분이다.

④ 우유의 성분들이 물과 원활하게 결합할 수 있게 해준다.

10. 우모 현상은 우유의 어떠한 성분으로 인해 생겨나는 현상인데 이에 맞는 것을 고르시오.

① 단백질   ② 무기질   ③ 탄수화물   ④ 지방

11. 에스프레소 머신의 부품 중, 보일러 내부의 열 수축에 의해 나타날 수 있는 진공 상태를 조절해 주는 부품은 무엇인가?

(   )

12. 에스프레소 머신의 부품 중 그룹 헤드에서 분출되는 고온, 고압의 물을 균일하게 분산시켜 안정적인 추출이 이루어질 수 있도록 만들어 주는 부품은 무엇인가?

① 샤워 스크린 (Shower Screen)   ② 플로우 미터 (Flow Meter)

③ 가스켓 (Gasket)   ④ 진공 방지기 (Vacuum Breaker)

13. 다음 중 별도의 그라인더를 사용하며, 머신 내부에 플로우 미터가 장착되어 있어 바리스타가 추출에 필요한 물의 양을 조절하고 세팅할 수 있는 머신은 무엇인가?

① 수동형 에스프레소 머신

② 반자동형 에스프레소 머신

③ 자동형 에스프레소 머신

④ 전자동형 에스프레소 머신

14. 그라인더의 종류 중 별도의 도저가 없고 그라인더 내부에 장착된 메모리 칩을 통해 바리스타가 분쇄 시간을 조절, 세팅할 수 있는 그라인더는 무엇인가?

(   )

15. 그라인더의 부품 중 상부 날과 하부 날 사이의 간격을 조절하여 분쇄된 커피 입자의 크기에 직접적으로 영향을 주는 부품은 무엇인가?

(   )

16. 다음 설명 중 옳지 않은 것을 고르시오.

① 칼날형 그라인더는 핸드밀에서 주로 사용된다.

② 칼날형 그라인더는 분쇄 속도가 빠르다.

③ 플랫형 그라인더는 분쇄 속도가 빠르다.

④ 플랫형 그라인더는 일정한 맛을 내기에 용이하다.

17. 다음 설명으로 맞는 것을 고르시오.

① 분쇄 입자가 작을수록 추출 시간은 빨라진다.

② 분쇄 입자가 작을수록 추출 시간은 느려진다.

③ 분쇄 입자가 굵을수록 추출 시간은 느려진다.

④ 분쇄 입자가 굵을수록 커피는 진해진다.

18. 커피를 평가하는 항목 중, 커피를 입 안에 머금었을 때 나타나는 향미와 품질을 평가하는 항목은 무엇인가?

① Dry Aroma　　　　② Body　　　　③ Aftertaste　　　　④ Flavor

19. 커피를 평가하는 항목에서 평가자가 유일하게 주관적인 개인의 선호도 혹은 생각을 반영할 수 있는 항목은 무엇인가?

(　　　　　　　　　　　　　)

20. '볶는다'는 뜻으로, 생두가 가지고 있는 조직을 최대한 팽창시켜 향과 맛을 발현하는 것을 무엇이라 하는가?

(　　　　　　　　　　　　　)

21. 다음 중 로스터기의 열전달 방식이 아닌 것은 무엇인가?

① 전도열　　　　② 반사열　　　　③ 대류열　　　　④ 복사열

22. 로스팅의 과정으로 맞는 것을 고르시오

① 건조-냉각-열분해　　② 열분해-건조-냉각

③ 건조-열분해-냉각　　④ 열분해-냉각-건조

23. 생두 내부의 수분이 열과 압력에 의해 기화하며 발생하는 파열음으로, 팝 혹인 팝핑이라고도
불리는 현상을 무엇이라 하는가?

(   )

24. 다음 로스팅 단계 분류법으로 SCA 분류법이 아닌 것은 무엇인가?

① 라이트(Light)

② 라이트 미디엄(Light Medium)

③ 하이(High)

④ 미디엄 (Medium)

25. 뜨거운 공기가 드럼 내부를 통과하며 열에너지를 생두에 전달하는 방식으로 단시간에
로스팅을 할 수 있고 대량 생산의 장점이 있으나 예열 시간이 긴 단점이 있는 로스터기 방식을
무엇이라 하는가?

(   )

26. 다음 반열풍식의 특징이 아닌 것을 고르시오.

① 드럼 표면과 후면의 구멍을 통해 열이 통과하는 방식이다.

② 열이 직접적으로 전달되므로 균일한 로스팅이 가능하다

③ 보편적으로 많이 사용하는 로스터기이다.

④ 생산 효율이 높아 대형 사업장에서 사용되고 있다.

27. 미국 NASA의 요청으로 우주 식품에 적합한 무균 상태의 식품을 만들기 위해 최초로 HACCP이
시행된 년도는 언제인가?

(   )

28. 커피의 쓴맛을 이루는 성분 3가지를 쓰시오.

(/   /   )

29. 커피 추출의 조건이 아닌 것을 고르시오.

① 원두의 볶은 정도

② 커피의 품종

③ 물의 온도

④ 커피의 재배 방법

30. 다음 중 커피 추출 방식이 아닌 것을 고르시오.

① 가압 추출

② 여과법

③ 증기법

④ 달임법

바리스타 자격 마스터 필기 모의고사 [2회]

the Master Level Barista Certificate [2]

---

01. 다음 설명 중 옳지 않은 것을 고르시오.

① 1800년경 아라비아 남단 예멘 지역에서 최초의 대규모 커피 경작을 하였다.

② 1600년경 승려 바바 부단(Baba Budan)이 커피 씨앗을 훔쳐 인도 마이소어(Mysore) 지역에 심어 재배하였다.

③ 유럽에 처음 전파된 커피는 음료가 아닌 각성제나 흥분제, 진정제 등 약으로 쓰였다.

④ 모카(Mocha) 항을 중심으로 커피 수출이 본격화되었다

02. 다음 설명 중 맞는 것을 고르시오.

① 건식법은 물로 정제하는 방식으로 과육을 제거하고 발효 과정을 거쳐 건조시키는 방식이다.

② 습식법은 체리 껍질을 벗기지 않고 체리 그래도 건조시키는 방식이다.

③ 건식법은 '이물질 제거 - 분리 - 건조'의 세 과정으로 이루어진다.

④ 건식법은 '분리 - 펄핑 - 점앨직 제거 - 세척 - 건조'의 순으로 이루어진다.

03. 생두의 크기에 따라 스크린 사이즈로 분류하는 대표적인 나라 3곳을 쓰시오.

(/   /   )

04. 다음 설명으로 틀린 것을 고르시오.

① 생두가 생산된 지역의 고도에 의한 분류를 채택하고 있는 대표적인 나라는 과테말라, 코스타리카, 멕시코, 온두라스, 엘살바도르 등이다.

② 커피의 등급에서 생산 고도는 영향을 끼치지 않는다.

③ 과테말라, 코스타리카의 최상급 등급 명칭은 SHB(Strictly Hard Bean)이다.

④ 멕시코, 온두라스, 엘살바도르는 최상급 등급 명칭은 SHG(Strictiy High Grown)이다.

05. 다음 설명으로 맞는 것을 고르시오.

> 커피 수확 방법의 하나로, 나무 사이를 지나가며 나무에 진동을 주어 한번에 수확하는 방식으로서 대량 생산에 효과적이나 덜 익은 체리나 나뭇가지 등이 같이 떨어지는 단점이 있다.

① 스트리핑   ② 핸드 피킹

③ 기계 수확   ④ 디펄퍼

06. 다음 빈 칸에 들어갈 단어를 적으시오.

> 포터 필터 건조 청결 〉 물 흘리기 〉 도징 〉 레벨링 〉 (　　　　) 〉 그룹 헤드 장착 〉 추출 〉 포터 필터 청결

[　　　　　　　　　　　　　]

07. 뜨거운 아메리카노에 휘핑 크림을 올린 메뉴로 '비엔나'라고 불리는 커피 이름은 무엇인가?

[　　　　　　　　　　　　　]

08. 다음 과소 추출(Under Extraction)에 대한 설명 중 옳지 않은 것을 고르시오.

① 분쇄 입자가 너무 굵을 경우

② 추출 온도가 기준보다 낮을 경우

③ 커피 사용량이 너무 적은 경우

④ 추출 시간이 기준보다 길어진 경우

09. 커피 표면에 작은 깃털 모양의 조각이 떠다니는 것 같은 현상을 무엇이라 하는가?

[　　　　　　　　　　　　　]

10. 다음 바르게 연결되지 않은 것을 고르시오.

① 스팀 피처(Steam Pitcher) – 우유를 데우거나 거품을 만들 때 사용하는 도구

② 스팀 밸브(Steam Valve) – 수증기가 나오는 통로

③ 스팀 팁(Steam Tip) – 수증기가 나오는 구멍

④ 스팀 노즐(Steam Nozzle) – 뜨거운 증기가 나오는 통로

11. 에스프레소 머신의 부품 중 전극봉과 물의 접촉 여부에 따라 물을 보충해 주는 부품은 무엇인가?

(   )

12. 그라인더의 부품 중 자동형 그라인더를 사용할 때 바리스타가 원하는 시간 동안 분쇄를 할 수 있도록 조절, 세팅을 수행하는 부품은 무엇인가?

(   )

13. 다음 그라인더 부품 중 분쇄도 조절을 함에 있어 가장 우선적으로 조절해야 하는 부품은 무엇인가?

① 호퍼   ② 도저(도징 체임버)

③ 분쇄 조절 디스크   ④ 도징 레버

14. 그라인더 종류 중 분쇄된 원두를 일시적으로 담아 두는 도저가 존재하고, 도징 레버를 통해 바리스타가 원하는 양만큼 필터 홀더에 담을 수 있는 그라인더는 무엇인가?

(   )

15. 일반적인 추출 방법에 따른 분쇄도 구분 중 가장 굵은 분쇄도를 필요로 하는 것은 무엇인가?

① 이브릭   ② 사이폰

③ 프렌치프레스   ④ 융드립

16. 커피를 평가하는 항목에서 기준이 되는 5개 컵의 균일성을 평가하는 항목은 무엇인가?

(   )

17. 다음 중 커피를 평가하는 항목에서 분쇄된 커피가 물에 젖었을 때 나타나는 향을 평가하는 항목을 지칭하는 것은 무엇인가?

① Body
② Aftertaste
③ Wet Aroma
④ Flavor

18. 커피에서 느껴질 수 있는 향미를 분류하고 체계화함으로써 다양한 향미를 공통적인 언어로 취합하여 평가자 간의 의견 공유를 원활하게 도와주는 이것은 무엇인가?

(   )

19. 로스터기 명칭에 관한 설명으로 연결이 잘못된 것을 고르시오.

① 샘플러(Sampler) : 로스팅의 진행 상황을 확인할 수 있는 장치
② 댐퍼(Damper) : 드럼 내부의 공기 흐름과 열량을 조절하는 장치
③ 호퍼(Hopper) :   커피콩 내부의 높은 온도를 빠르게 식혀 주는 장치
④ 사이클론 : 채프(Chaff, 생두 껍데기)가 쌓이는 공간

20. 생두의 수분이 열을 흡수하는 흡열 반응(Endothermic)으로 1차 크랙 전까지 진행되는 로스팅 과정은 무엇인가?

(   )

21. 커피콩 내부의 온도를 차가운 공기로 빠르게 식혀 주는 장치를 무엇이라 하는가?

(   )

22. 다음 중 로스터기에 대한 설명으로 옳지 않은 것을 고르시오.

① 직화식은 생두에 열이 직접 전달되는 방식으로 로스팅이 비교적 쉽다.
② 열풍식은 단시간에 로스팅을 할 수 있는 장점이 있다.
③ 열풍식은 대량 생산의 장점이 있다.
④ 반열풍식은 뜨거운 열이 통과하는 방식이다.

23. 로스팅 시 가장 많이 감소되는 성분은 무엇인가?

① 수분   ② 지방   ③ 단백질   ④ 탄수화물

24. 후블랜딩으로 부르기도 하며 각기 다른 품종의 생두를 각각 로스팅하여 비율에 맞추어 혼합하는 방법으로, 원두의 특성을 최대한 발현할 수 있으나 재고 관리가 어렵고 로스팅 컬러가 불균일한 단점이 있는 블랜딩 방법을 무엇이라 하는가?

(   )

25. 다음 설명으로 맞는 것을 고르시오.

① 혼합 블랜딩은 각기 다른 생두를 혼합하여 동시에 볶는 것을 말한다.

② 혼합 블랜딩은 로스팅 컬러가 불균일한 단점이 있다.

③ 단종 블랜딩은 로스팅시 시간 단축의 장점이 있다.

④ 단종 블랜딩은 원두의 특징을 최대한 살릴 수 있는 장점이 있다.

26. 다음 중 HACCP의 7원칙 중 중요 관리점에서 위해 요소가 제어될 수 있는 공정 조건 설정을 하는 과정을 지칭하는 것은 무엇인가?

① 위해 요소 분석   ② 중요 관리점 결정

③ 한계 기준 설정   ④ 검증 절차 및 방법 수립

27. 다음 식중독의 분류 중 곰팡이 독소에 의한 중독에 포함되지 않는 균 또는 바이러스는 무엇인가?

① 황변미독   ② 맥가독

③ 시가테라독   ④ 아플라톡신

28. 커피 성분의 적정 추출량을 나타낸 커피 추출 조절 차트에 의한 커피와 물의 가장 적합한 비율은 무엇인가?

(   )

29. 미 MIT 대학의 Lockhart 교수의 CBI(Coffee Brewing Institute)에 의해 만들어진, 커피 성분의 적정 추출량을 알아보는 차트를 무엇이라 하는가?

(   )

30. 다음 설명으로 틀린 것을 고르시오.

① 카페인은 피로를 줄이고 정신을 각성시키는 효과가 있다.

② 성인 1일 카페인 권장량은 400mg이다.

③ 아메리카노 한 잔 당 카페인은 약 90mg이다.

④ 카페인 함유량은 콜드브루가 가장 많다.

바리스타 자격 마스터 필기 모의고사 [3회]

the Master Level Barista Certificate [3]

---

01. 다음 설명 중 틀린 것을 고르시오.

① 아라비카 품종은 800~2000m의 비교적 서늘한 고원 지대에서 자란다.

② 로부스타 품종은 700m 이하의 고온 다습한 저지대에서 자란다.

③ 아라비카 품종의 적정 강수량은 900~1200mm이다.

④ 로부스타 품종의 적정 강수량은 2000~3000mm이다.

02. 다음 중 커피 나무 품종의 구조에 대한 설명으로 맞지 않는 것을 고르시오.

① 커피 나무는 외떡잎 식물로 한대성 상록 교목이다.

② 커피 체리는 겉면부터 외과피, 펄프, 파치먼트, 은피 등으로 구성되어 있다.

③ 일반적인 체리는 두 개의 생두가 마주보고 있는데, 가운데 홈을 센터컷이라고 부른다.

④ 체리 안에 3개의 콩이 든 경우 트라이앵글러 빈이라 일컫는다.

03. 제대로 발육되지 않거나 안 익은 체리로 수확되어 로스팅 시 색이 다르게 나타나는 원두를 무엇이라 하는가?

(   )

04. 다음 중 아라비카 품종의 주요 생산 국가가 아닌 것을 고르시오.

① 브라질   ② 호주

③ 콜롬비아   ④ 코스타리카

05. 생산 고도에 의한 분류를 사용하는 대표적인 나라가 아닌 것을 고르시오.

① 과테말라   ② 코스타리카

③ 콜롬비아   ④ 온두라스

06. 스페셜티 기준의 올바른 에스프레소 한 잔의 분쇄 커피양, 추출량, 추출 시간을 선택하시오.

① 분쇄 커피양 5~7g 추출량 20-30ml 추출 시간 20~30초

② 분쇄 커피양 7~10g 추출량 25-35ml 추출 시간 20~30초

③ 분쇄 커피양 5~7g 추출량 25-35ml 추출 시간 30~35초

④ 분쇄 커피양 7~10g 추출량 20-30ml 추출 시간 30~35초

07. 일반적인 에스프레소보다 추출 시간을 짧게 하여 15㎖ 이하로 추출된 에스프레소를 무엇이라 하는가?

① 룽고   ② 리스트레토

③ 도피오   ④ 마키아토

08. 에스프레소 한 잔 기준으로 커피양 8g, 추출량 25~30ml, 추출 시간 30~35초로 규정한 나라로 맞는 것을 고르시오.

① 이탈리아   ② 미국

③ 브라질   ④ 유럽

09. 우유의 대표성분 5가지를 쓰시오

[/   /   /   /   ]

10. 에스프레소 머신의 부품 중 보일러 내부의 물을 고온으로 가열하여 에스프레소 추출에 적합한 온도로 만들어 주는 부품은 무엇인가?

[   ]

11. 다음 중 1905년 루이지 베제라(Luigi Bezzera)의 특허 사용권을 획득한 후 에스프레소 머신의 대중화에 힘쓴 사람은 누구인가?

① 산타이스 (Edourard Loysel de Santais)

② 데지데리오 파보니 (Desiderio Pavoni)

③ 루이지 베제라 (Luigi Bezzera)

④ 아킬레 가지아 (Achille Gaggia)

12. 그라인더 구성품 중 도저에 담겨 있는 분쇄된 원두를 포터 필터에 담아 주는 역할을 하는 것은 무엇인가?

(   )

13. 날의 종류에 따른 그라인더의 분류 중, 가격이 저렴한 장점과 분쇄 입자가 불균형한 단점이 있으며 커피 입자의 크기가 분쇄 시간에 영향을 받는 그라인더는 무엇인기?

① 칼날형 그라인더 (Blade)

② 코니컬형 그라인더 (Conical Burr)

③ 플랫형 그라인더 (Flat Burr)

④ 롤형 그라인더 (Roll)

14. 날의 종류에 따른 그라인더의 분류 중, 날의 회전 속도는 가장 빠르지만 발열이 심하고 분쇄된 커피 입자가 가장 불균형한 단점을 가진 그라인더는 무엇인기?

(   )

15. 다음의 일반적인 추출 방법 중, 가장 얇은 분쇄도를 필요로 하는 것은 무엇인가?

① 이브릭   ② 사이폰

③ 프렌치프레스   ④ 융드립

16. 커핑을 진행하는 과정에서 분쇄된 커피가 물에 젖으면서 표면에 떠오르는 커피 층을 지칭하는 것은 무엇인가?

(   )

17. 다음 항목 중 커핑 플레이버 휠에서 견과류로 분류되지 않는 것은 무엇인가?

    ① Peanut   ② Hazelnut

    ③ Nutmeg   ④ Almond

18. 다음 중 커핑을 진행할 때의 주의 사항으로 올바르지 않은 것은 무엇인가?

    ① 향이 강한 향수나 화장품 사용을 지양한다.

    ② 커핑 직전 흡연을 하지 않는다.

    ③ 커피가 뜨거울 때부터 식으면서의 변화를 체크한다.

    ④ 커핑볼에 물을 부은 이후 컵을 들어 향을 체크한다.

19. 로스팅을 하는 사람에 대한 명칭으로 맞는 것을 고르시오.

    ① 로스터(Roaster)   ② 바리스타(Barista)

    ③ 소믈리에(Sommelier)   ④ Q-Grader

20. 다음 중 로스터기 종류가 아닌 것은 무엇인가?

    ① 직화식   ② 반열풍식

    ③ 열풍식   ④ 직열식

21. 열분해 단계에서 생두에 함유된 당분이 열에 의해 갈변하는 반응을 무엇이라 하는가?

    (   )

22. 다음 로스팅에 대한 설명 중 옳지 않은 것을 고르시오.

    ① 로스팅이 진행될수록 수분은 감소한다.

    ② 로스팅이 진행될수록 밀도는 증가한다.

    ③ 로스팅이 진행될수록 부피는 증가한다.

    ④ 로스팅이 진행될수록 색깔은 짙어진다.

23. 특징이 다른 2가지 이상의 커피를 배합하여 새로운 향미를 창조해 내는 분야를 무엇이라 하는가?

(   )

24. 다음 중 로스팅 과정의 열분해 단계에서 발생하지 않는 색깔은 무엇인가?

① 노란색

② 검은색

③ 갈색

④ 짙은 갈색

25. 식중독 예방의 3대 원칙 중 표면적 깨끗함이 아닌 재료, 조리 장소, 조리 기구, 조리원의 청결에 이르는 전 과정의 위생을 의미하는 것은 무엇인가?

(   )

26. HACCP가 실시된 이후 대중화된 연도는 1800년대이다. 국내 식품위생법에 HACCP가 도입된 시기로 알맞은 것을 고르시오.

① 1994년 11월   ② 1995년 12월   ③ 1996년 11월   ④ 1997년 12월

27. 스페셜티 기준으로 가장 이상적인 추출 수율은 얼마인가?

① 20~22%

② 19~21%

③ 18~22%

④ 17~21%

28. 25g의 원두로 250ml를 추출했다면 추출 수율은 얼마인가?

(   )

29. 다음 설명 중 옳지 않은 것을 고르시오.

① 커피와 물의 가장 이상적인 추출 비율을 골든컵(Golden Cup)이라 한다.

② 추출 시 사용되는 분쇄 커피양 가운데 지용성 성분이 얼마나 용해되었는지에 대한 비율을 추출 수율이라 한다.

③ 추출 수율이 18% 미만일 경우 과소 추출, 22% 이상일 경우를 과다 추출이라 한다.

④ 물에 녹은 커피 성분의 양이 얼마나 되는지를 나타내는 비율을 TDS라고 한다.

30. 다음 설명으로 맞는 것을 고르시오

① 에스프레소보다 추출 시간이 긴 드립식이 카페인 함유량이 더 적다.

② 콜드브루 추출보다 드립식 추출이 카페인 함유량이 더 많다.

③ 카페인은 커피의 쓴맛을 내는 성분 중 하나이다.

④ 카페인은 정신을 각성시키는 효과가 있다.

APPENDIX | # 부록

- 모의고사 정답

- 검정 기준 안내

바리스타 자격 필기 모의고사 정답

Answers for Trial Tests

▶▶ 1급 모의고사 1회 정답 ◀◀

01	②	**02**	④	**03**	센터 컷 (Center Cut)	**04**	1, 1~2, 2
05	④	**06**	④	**07**	도피오 (Dopio)	**08**	②
09	②	**10**	우유 스티밍 (Milk Steaming)	**11**	③	**12**	②
13	에칭 펜 (Etching Pen)	**14**	①	**15**	펌프 모터 (Pump Motor)		
16	②	**17**	혼합형 보일러 머신	**18**	③	**19**	도저
20	①	**21**	커핑 (Cupping)	**22**	Acidity	**23**	②
24	HACCP	**25**	④	**26**	신속의 원칙		
27	②	**28**	외부 고객	**29**	①	**30**	④

▶▶ 1급 모의고사 2회 정답 ◀◀

01	②	**02**	③	**03**	③	**04**	로부스타 (Robusta)
05	기계 수확 (Mechanical Harvesting)	**06**	②	**07**	①	**08**	①
09	③	**10**	③	**11**	라떼 아트 (Latte Art)	**12**	③
13	산타이스 (Edourard Loysel de Santais)	**14**	전자동형 에스프레소 머신	**15**	①		
16	단일형 보일러 머신	**17**	정수 필터	**18**	②	**19**	호퍼
20	②	**21**	커퍼 (Cupper)	**22**	Body	**23**	Skimming
24	①	**25**	중요 관리점 결정	**26**	①	**27**	④
28	③	**29**	냉각 또는 가열의 원칙	**30**	③		

▶▶ 1급 모의고사 3회 정답 ◀◀

01	④	**02**	①	**03**	커피 벨트 or 커피 존

04	③	05	피베리 (Peaberry)	06	에스프레소	07	②
08	②	09	에칭 (Etching)	10	프리 푸어링 (Free Pouring)		
11	탬퍼 (Tamper)	12	아킬레 가지아 (Achille Gaggia)	13	②		
14	가스켓 (Gasket)	15	수동형 에스프레소 머신	16	③		
17	릴리프 밸브 (Relief Valve)	18	②	19	플랫형 그라인더		
20	상부 날	21	코니컬형 그라인더 (Conical Burr)	22	②		
23	Balance	24	Break	25	②	26	모니터링 체계 확립
27	④	28	식중독	29	④	30	1995년

▶▶ 마스터 모의고사 1회 정답 ◀◀

01	②	02	스페셜티 그레이드	03	③	04	수프리모, AA
05	②	06	과다 추출 (Over Extraction)	07	④	08	③
09	①, ④	10	②	11	진공 방지기 (Vacuum Breaker)	12	①
13	③	14	자동형 그라인더	15	분쇄 조절 디스크		
16	①	17	②	18	④	19	Overall
20	로스팅 (Roasting)	21		22	③	23	크랙 (Crack)
24	③	25	열풍식	26	②	27	1959년
28	트리고넬린, 클로로겐산, 카페인	29	④	30	③		

▶▶ 마스터 모의고사 2회 정답 ◀◀

01	①	02	③	03	콜롬비아, 케냐, 탄자니아	04	②
05	③	06	탬핑	07	아인슈페너	08	④	09	우모현상
10	②	11	수위 조절기 (Water Level Probe)	12	메모리 칩 (Memory Chip)		
13	③	14	반자동형 그라인더	15	③	16	Uniformity
17	③	18	커핑 플레이버 휠	19	③	20	건조 단계
21	쿨러 (Cooler)	22	①	23	①	24	단종 블렌딩	25	④

26	③	27	③	28	1 : 18	29	커피 추출 조절 차트
30	③						

▶▶ 마스터 모의고사 3회 정답 ◀◀

01	③	02	①	03	퀘이커 (Quaker)	04	②
05	③	06	②	07	②	08	①
09	수분, 단백질, 탄수화물, 지방, 무기질	10	히팅 코일 (Heating Coil)	11	②		
12	도징 레버 (Dosing Lever)	13	①	14	칼날형 그라인더 (Blade)		
15	①	16	Crust	17	③	18	④	19	①
20	④	21	캐러멜화 (Caramelization)	22	②	23	블렌딩
24	①	25	청결과 소독의 원칙	26	②	27	③
28	25	29	②	30	③		

바리스타 자격 1급 검정 기준 안내

Introduction for the 1st Level Barista Certificate

▶▶ 1급 자격증 검정 안내 ◀◀

커피와 에스프레소 장비에 대한 기본 지식과 커피 추출 과정에 대한 기본 실무 지식을 통해 고객의 입맛에 최대한의 만족을 주는 에스프레소와 라떼 아트를 제조할 수 있는 능력을 평가하는 검정입니다.

▶▶ 1급 자격증 검정 기준 ◀◀

필기 (50분)	실기 (20분)
• 커피의 이해 • 커피 추출의 이해 • 에스프레소 머신의 이해 • 에스프레소 그라인더의 이해 (분쇄도 조절 포함) • 매장 관리의 이해	• 에스프레소 센서리 • 사전 준비 및 분쇄도 조절 • 에스프레소 2잔 추출 • 라떼 아트 2잔 추출

▶▶ 1급 자격증 평가 기준 ◀◀

평가 방법		평가 사항	
필기 시험	실기 시험	필기 시험	실기 시험
필기 감독 2인 총 2인이 시험지 배부 및 채점 • 객관식 20문항 • 주관식 10문항	기술 평가 1인 감각 평가 1인 총 2인이 평가표 제출 • 기술 평가(50점) • 감각 평가(50점)	–	심사 위원이 에스프레소 10ml를 3잔에 나누어 제조하면 수험생이 각각 시음하여 순서를 명시하고 일치성을 확인 준비 작업 및 분쇄도 조절 능력 등을 평가 3분안에 에스프레소 2잔을제조하면 추출방법 및 청결, 정리정돈과 크레마 밀도와 에스프레소 맛과 감촉 등을 평가 5분안에 하트, 튤립, 로제타 중에서 두 개를 선택하여 제조 라떼아트 제조 방법 및 숙련도와 라떼아트의 비주얼(대칭, 대비, 광택, 위치 등) 및 맛의 조화를 평가

바리스타 자격 마스터 검정 기준 안내

Introduction for the Master Level Barista Certificate

▶▶ 마스터 자격증 검정 안내 ◀◀

에스프레소 기계(그라인더 조절)를 다루는 숙련된 기술 및 원두 선택과 커핑 능력을 통해 고객의 취향에 따른 다양한 메뉴를 제조하고 매장을 관리할 수 있는 능력을 평가하는 검정입니다.

▶▶ 마스터 자격증 검정 기준 ◀◀

필기 (50분)		실기 (30분)
• 커피의 이해 • 에스프레소 머신의 이해 • 에스프레소 그라인더의 이해 (분쇄도 조절 포함) • 우유의 이해 • 위생, 서비스의 이해	• 커피 추출의 이해 • 메뉴 제조의 이해 • 매장 관리의 이해	• 에스프레소 센서리 • 사전 준비 및 분쇄도 조절 • 에스프레소 2잔 추출 • 라떼 아트 2잔 추출

▶▶ 마스터 자격증 평가 기준 ◀◀

평가 방법		평가 사항	
필기 시험	**실기 시험**	**필기 시험**	**실기 시험**
필기 감독 2인	기술 평가 1인 감각 평가 1인		심사 위원이 나라별 각각의 원두 3종을 추출하고, 추출된 커피를 수험생이 시음 후 평가 (평가의 일치성을 확인) 준비 작업 및 분쇄도 조절 능력 평가 추출된 에스프레소에 대해 설명하고 일치성 확인
총 2인이 시험지 배부 및 채점 • 객관식 20문항 • 주관식 10문항	총 2인이 평가표 제출 • 기술 평가(50점) • 감각 평가(50점)	—	4분 안에 에스프레소 4잔을 제조하면 추출방법 및 청결, 정리정돈과 크레마 밀도와 에스프레소 맛과 감촉 등을 평가 6분 안에 하트, 튤립, 로제타 중에서 2잔은 같은 그림으로 나머지 2잔은 서로 다른 그림으로 총 4잔(3개의 패턴)을 제조하면 라떼아트 제조 방법 및 숙련도와 라떼아트의 비주얼 및 맛의 조화 등을 평가 지정된 메뉴(아메리카노, 마키아토, 라떼, 카푸치노, 에스프레소)중에 심사위원이 지정한 메뉴 4잔을 요청하면 8분안에 제공 ex) 아메리카노 2잔, 카푸치노 1잔, 마키아토 1잔

바리스타 1급/마스터 필기 모의고사집은?

◆ 한국바리스타자격검정협회 시행 [바리스타 자격검정 1급 및 마스터 레벨]
자격검정 기준에 맞는 실무 이론을 보다 쉽게 학습할 수 있도록 체계적으로
정리합니다.

◆ 단원별로 마련된 연습 문제들을 통해 각종 필수 사항과 관련 정보를 한 번
더 다지도록 구성합니다.

◆ 마무리에 수록된 1급 및 마스터 레벨의 모의고사 총 6회분을 통하여 전반
적인 출제 경향과 핵심 포인트를 파악하고 마무리할 수 있습니다.

정가 18,000원

ISBN 979-11-6426-020-1

Dream Catcher™ 시리즈는 바리스타 / 로스팅 등의 취미 · 실용 분야의 자격 검정 수험서로서, 자신만의 분야에서
최고가 되고자 노력하는 독자 여러분의 꿈을 응원합니다.

2025 에듀윌 공인중개사

이영방
합격패스 계산문제

1차 부동산학개론

2025 최신간

Lee Yeongbang

eduwill